别莱利曼

趣味科学

作品全集

| 趣味数学谜题 |

［俄］别莱利曼（Я.И.ПЕРЕЛЬМАН）／著

刘玉中／译

中国青年出版社

（京）新登字083号

图书在版编目（CIP）数据

趣味数学迷题／（俄罗斯）别莱利曼著；刘玉中译.
—2版．—北京：中国青年出版社，2016.5
（别莱利曼趣味科学作品全集）
ISBN 978-7-5153-4194-1

Ⅰ. ①趣… Ⅱ. ①别… ②刘… Ⅲ. ①数学—青少年读物
Ⅳ. ①O1-49

中国版本图书馆CIP数据核字（2016）第108297号

责任编辑：彭 岩
＊
中国青年出版社出版 发行
社址：北京东四12条21号　邮政编码：100708
网址：www.cyp.com.cn
编辑部电话：（010）57350407　门市部电话：（010）57350370
三河市君旺印务有限公司印刷　新华书店经销
＊
660×970　1/16　16.25印张　4插页　220千字
2016年5月北京第2版　2022年1月河北第4次印刷
定价：29.00元
本书如有印装质量问题，请凭购书发票与质检部联系调换
联系电话：（010）57350337

作者简介

　　雅科夫·伊西达洛维奇·别莱利曼（Я. И. Перельман，1882～1942）是一个不能用"学者"本意来诠释的学者。别莱利曼既没有过科学发现，也没有什么称号，但是他把自己的一生都献给了科学；他从来不认为自己是一个作家，但是他的作品的印刷量足以让任何一个成功的作家艳羡不已。

　　别莱利曼诞生于俄国格罗德诺省别洛斯托克市。他17岁开始在报刊上发表作品，1909年毕业于圣彼得堡林学院，之后便全力从事教学与科学写作。1913～1916年完成《趣味物理学》，这为他后来创作的一系列趣味科学读物奠定了基础。1919～1923年，他创办了苏联第一份科普杂志《在大自然的工坊里》，并任主编。1925～1932年，他担任时代出版社理事，组织出版大量趣味科普图书。1935年，别莱利曼创办并运营列宁格勒（圣彼得堡）"趣味科学之家"博物馆，开展了广泛的少年科学活动。在苏联卫国战争期间，别莱利曼仍然坚持为苏联军人举办军事科普讲座，但这也是他几十年科普生涯的最后奉献。在德国法西斯侵略军围困列宁格勒期间，这位对世界科普事业做出非凡贡献的趣味科学大师不幸于1942年3月16日辞世。

别莱利曼一生写了105本书，大部分是趣味科学读物。他的作品中很多部已经再版几十次，被翻译成多国语言，至今依然在全球范围再版发行，深受全世界读者的喜爱。

凡是读过别莱利曼的趣味科学读物的人，无不为他作品的优美、流畅、充实和趣味化而倾倒。他将文学语言与科学语言完美结合，将生活实际与科学理论巧妙联系：把一个问题、一个原理叙述得简洁生动而又十分准确、妙趣横生——使人忘记了自己是在读书、学习，而倒像是在听什么新奇的故事。

1959年苏联发射的无人月球探测器"月球3号"传回了人类历史上第一张月球背面照片，人们将照片中的一个月球环形山命名为"别莱利曼"环形山，以纪念这位卓越的科普大师。

目　录

第一章　费解的排列与布局问题 ////////////////

第二章　巧剪妙拼 ////////////////

第三章　关于正方形的习题 ///////////

第四章　关于工作的习题 ///////////

第五章　关于买卖的问题 ///////////

第六章　天平与称重 ///////////

第七章　钟表的问题 ///////////////////////////////

第八章　交通工具问题 ///////////////////

第九章　意想不到的计算结果 ///////////////

第十章　难办的事 /////////////////////////

第十一章　《格列佛游记》中的题目 ////////////

第十二章　数字难题 ////////////////////////

第十三章　你会数数吗？ /////////////////////////

第十四章　简易心算法 /////////////////////

第十五章　幻方 //////////////////////////////

第十六章　一笔画

第十七章　动脑筋的几何难题

第十八章　没有尺子怎么办?

第十九章　多米诺

第二十章　趣味数学游戏

Chapter

1

第一章

费解的排列与布局问题

1.1　排成6排

【题】你们可能听说过这样一个笑话，怎样将9匹马安置在10个围栏里，使每个围栏里面有一匹马。下面将要提出的问题从表面上看与这个有名的小把戏很像。

图1

这个问题是：怎样将24个人排成6排，使每一排都有5个人。

【解】如果按照图1所示的六边形的形状来排队，就能满足要求。

1.2　9个0

【题】9个0如下图排列：

0　0　0

0　0　0

0　0　0

问题是，只用4条直线将这些0全部勾掉。

为了方便找到答案，给你们一个提示，在勾掉9个0的时候笔头不能离开纸。

【解】问题的答案如图2所示。

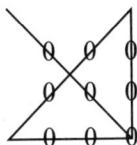

图2

1.3 36个0 //

【题】如你所看到的在方格中有36个0。要勾掉12个0，划掉后，横竖各行未划掉的0数目相同。

哪些0应该被勾掉？

0	0	0	0	0	0
0	0	0	0	0	0
0	0	0	0	0	0
0	0	0	0	0	0
0	0	0	0	0	0
0	0	0	0	0	0

【解】从36个0中勾掉12个，也就是留下24个，每一排留下4个。

没有被勾掉的0排列如下：

0		0	0	0	
		0	0	0	0
0	0	0			0
0	0		0		0
0	0			0	0
	0	0	0	0	

1.4 两个棋子 ///////////////////////////////////////

【题】在空的棋盘上放上两个不同的棋子。它们能在棋盘上占据多少种不同的位置?

【解】第一枚棋子可以放在棋盘上64个空位中的任意一个位置,也就是说有64种方法。在这之后因为第一个棋子已经固定了,第二个棋子可以放到剩下的63个位置中的任意一个。也就是之前的64种安排当中的每一种都可以通过第二个棋子的位置增加到63种方法。摆放两枚棋子的方法总计为:

$$64 \times 63 = 4032。$$

1.5 窗帘上的苍蝇 ///////////////////////////////////////

【题】在窗帘上画有正方形格子图案,上面停着9只苍蝇。它们现在所处的位置上,任意两只苍蝇都不在同一条直线或者斜线上(图3)。

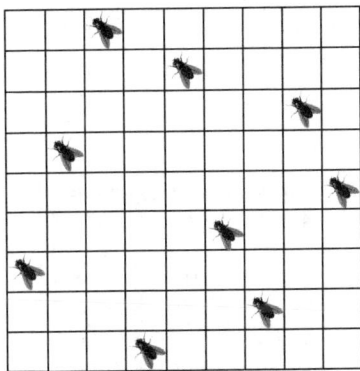

图3

过了几分钟3只苍蝇改变了自己的位置,爬到了中间空着的方格,剩下的6只留在原来的位置。好笑的是,尽管3只苍蝇挪动了位置,9只苍蝇的位置仍然是没有任意两只处在同一条直线或斜线上。

你能说出那三只苍蝇挪到什么位置上了吗?

【解】图4上的箭头指示了哪些苍蝇移动了，以及它们是从什么位置移动过去的。

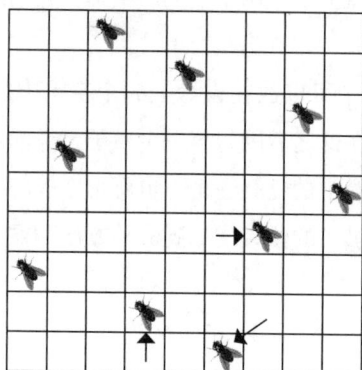

图4

1.6　8个字母

【题】排列在方格中的8个数字如图5所示。可以像前面那道题一样将它们挪到空着的方格中，直到它们最后按照数字大小顺序排列。如果不限制挪动的次数，要完成这个题目并不难。但是题目是：要挪动最少的次数达到提出的要求。最少的次数是多少，请读者自己算出。

图5

【解】最少的移动次数——23。它们是：1 2 6 5 3 1 2 6 5 3 1 2 4 8 7 1 2 4 8 7 4 5 6。

1.7　松鼠和兔子

【题】在图6中有8个编号的木桩。在编号1和3的木桩上坐着兔子，编号是6和8的木桩上坐着松鼠。但是兔子和松鼠都不满意自己的位置，它们想换木桩：兔子想坐在松鼠的位置上，松鼠想坐在兔子的位置上。它们能够从一个木桩跳到另一个，但是只能跳到用线指示出的木桩上。

它们要怎么做？

记住下面这些规则：

①只能按照图中用线标出的路线来从一个木桩跳到另一个。每一个小动物都可以连续跳几次。

图6

②两只小动物不能同时坐在一个木桩上，因此只能跳到空木桩上。

还需要指出的是，要使用最少的跳跃次数来达到目标。另外少于16次是无法做到的。

【解】下面指出了次数最少的移动方法。数字指示的是从哪个木桩跳到哪个木桩（比如1—5就是兔子从1号木桩跳到5号木桩）。一共需要跳16次，分别是：

$$
\begin{array}{llll}
1-5 & 7-1 & 3-7 & 8-4 \\
8-4 & 6-2 & 1-5 & 2-8 \\
3-7 & 5-6 & 6-2 & 7-1 \\
4-3 & 2-8 & 5-6 & 4-3
\end{array}
$$

1.8　别墅里的困境

【题】下图是一个小别墅的平面图，在狭小的房间里摆有下列家具：办公桌、床、橱柜和书架。只有房间2里面是没有家具的。

别墅的主人需要交换钢琴和书架的位置。这并不简单：房间太小，这两件家具不能同时摆在一个房间里。空房间2能帮助我们解决这个难题。把家具从一个房间搬到另一个房间，最终达到主人的要求。

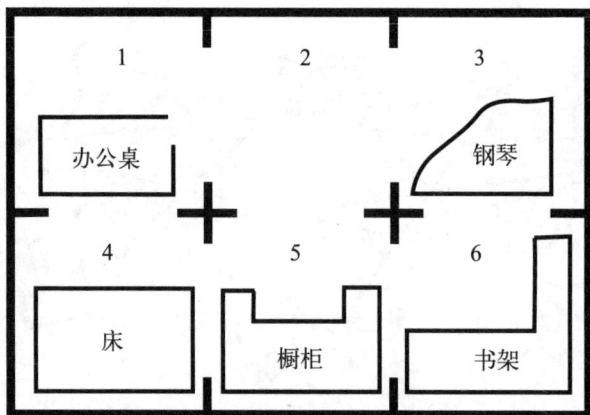

图7

怎样用最少的移动次数完成要求？

【解】至少要移动17次。按照下面的顺序移动：

1. 钢琴；2. 书架；3. 橱柜；4. 钢琴；5. 办公桌；6. 床；

7. 钢琴；8. 橱柜；9. 书架；10. 办公桌；11. 橱柜；12. 钢琴；

13. 床；14. 橱柜；15. 办公桌；16. 书架；17. 钢琴

1.9　三条路

【题】三兄弟——彼得、巴维尔和雅科夫——得到了三块地，三块地排列在一起且离他们家不远。在图中你能看到三兄弟房子和地的分布情况。你会发现地分布的位置并不十分方便他们耕种，但是三兄弟没能商量好交换。

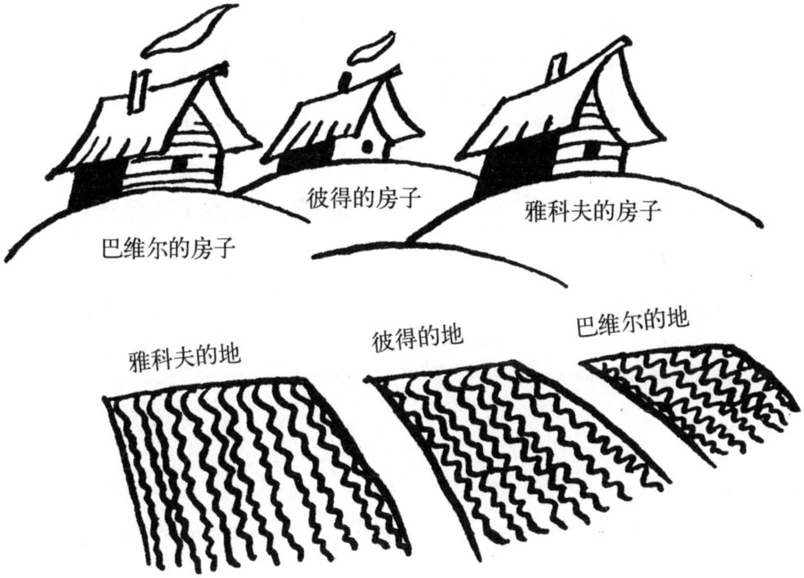

巴维尔的房子　　彼得的房子　　雅科夫的房子

雅科夫的地　　彼得的地　　巴维尔的地

图8

　　每一个人都在自己的地上建菜园，三个人去菜园最近的路交叉在一起。兄弟间很快就发生了争执。想要避免争吵，三兄弟决定找到能够到达自己的菜园，但是又不与别人的路相交叉的路线。经过长时间的寻找他们找到了这样的三条路。现在他们每天走这三条路去自己的菜园，而且彼此碰不到面。

你能找出这三条路吗？

有一个必要的条件：路不能绕过彼得家的后面。

【解】三条不交叉的路如图9所示。

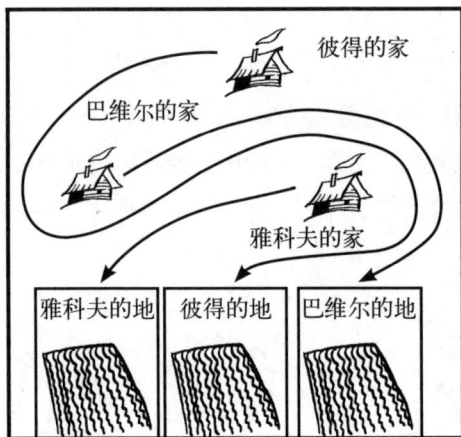

图9

彼得和巴维尔不得不绕远，但是三兄弟避免了在路上彼此遇见。

1.10 哨兵的把戏

【题】有这样一个古老的问题，它有很多变形。下面列举其中的一个。

长官的帐篷由8队的哨兵守卫（图10）。最开始每个帐篷里面有3个哨兵。之后哨兵们彼此去对方的帐篷做客。如果在做客的时候每一个帐篷里面的人数仍能保持3个人，长官就不会处罚他们。他只是检查每个帐篷里面的人数：如果每排的3个帐篷里面一共有9个哨兵，长官就认为所有人都到齐了。

图10

别莱利曼趣味科学作品全集　趣味数学谜题

发现了这一点，哨兵们找到了欺骗长官的方法。一天晚上4个哨兵走开了，但是长官没有发现。接下来的一晚6个人走开也没有受到处罚。最后哨兵开始请人来做客：第1次是4个人，第2次是8个人，第3次是12个人。所有这些把戏都瞒过了长官，因为长官每次都在每排的3个帐篷里数到9个哨兵。

哨兵是怎么做到的呢？

【解】通过下面的推理很容易找出答案。为了使四名哨兵离开而不被长官发现，Ⅰ和Ⅲ排（图11a）必须有9个哨兵，哨兵的总数为24−4＝20，那么Ⅱ排的人数就是20−18＝2，也就是一个哨兵在这一排左边的帐篷里，另一个哨兵在右边的。这样在Ⅴ列最上面的帐篷里有1个哨兵，最下面的帐篷里也是一个。现在也清楚了在四角的帐篷每个里应该有4个哨兵。这样就得出了少4个人的安排（看图11b）。

同样的推理过程可以得出缺少6个人时的分布情况（图11c）。

加入4个客人（图11d）。

加入8个客人（图11e）。

最后在图11f中展示的是加入12个客人。

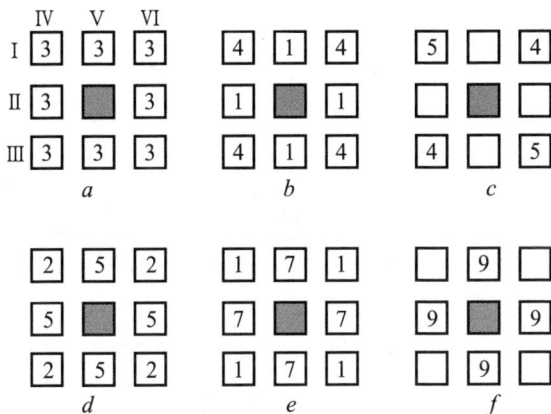

图11

很容易发现，离开的卫兵不能超过6个人，加入的客人不能超过12个。

1.11　10座城堡 //

【题】在古代有一个统治者想建10座城堡，彼此用城墙连在一起。城墙要连成5条直线，每条线上要有4座城堡。

建筑师提出的设计方案如图12所示。

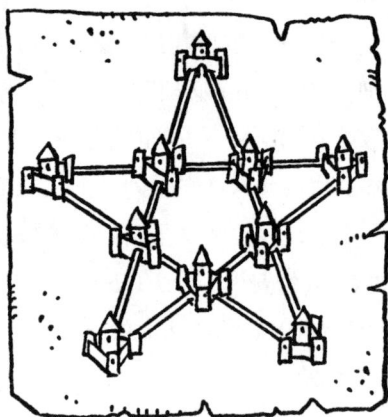

图12

但是统治者并不满意这个方案：在这种分布下可以从外面到达任意一座城堡，而他希望有一两座城堡被围墙包围起来，从外面无法到达。建筑师反对，认为无法在满足这个要求的同时使5条线的每一条上都分布有4座城堡。但是统治者坚持自己的要求。

建筑师花了很长时间来思索这道难题，终于解决了它。

也许你也能幸运的找出满足条件的分布方法。

【解】在图13（左侧）中展示的是两座城堡被包围起来的设计图。

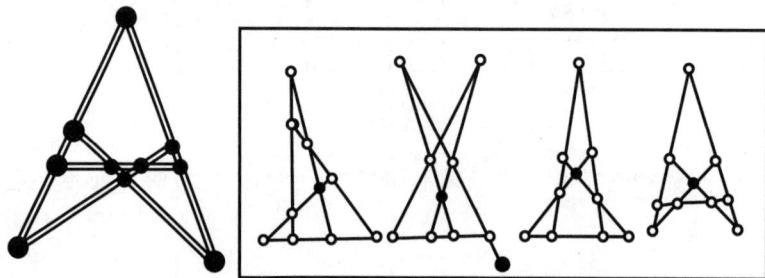

图13

你会看到，10座城堡的位置分布是符合要求的：5条线的每一条上都有4座城堡。图13（右侧）给出了另外四种设计图。

1.12 果园 //

【题】在果园里有49棵树。你可以在图14中看到它们是怎样分布的。园丁觉得树太多了，决定把多余的树砍掉，方便栽花。于是叫来了工人，他给了工人这样的分布方案：

"只留下5排树，每排有4棵。剩下的砍掉留给你自己用。"

等砍伐工作结束的时候，园丁出来看。很遗憾，果园里的树木几乎被砍光了：工人只留下了10棵树，伐掉了39棵。

"为什么你砍掉了这么多树？我跟你说的是留下20棵！"园丁向工人喊道。

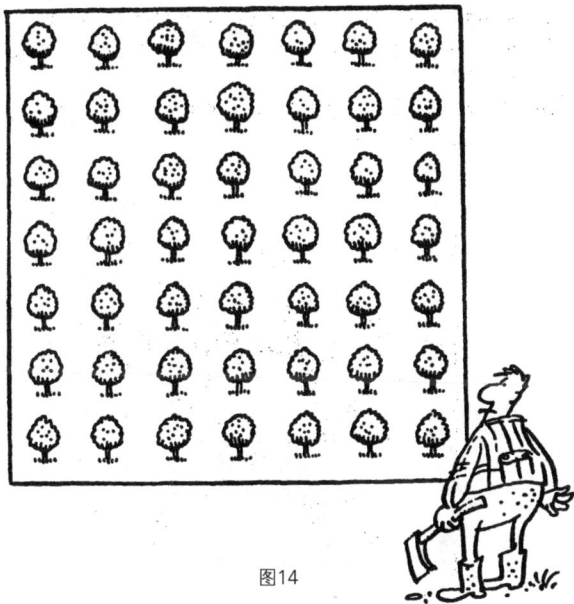

图14

"不，没有说'20'，只说了留下5排树，每排有4棵。我就是这么做的。你看。"

园丁惊奇地发现没有被砍掉的10棵树构成了5排，每排有4棵树。他的指示被完成了，只是多砍掉了10棵树。

工人的诡计是怎样的呢？

【解】没有被砍掉的树的分布如图15所示，它们构成了5排，每排上有4棵树。

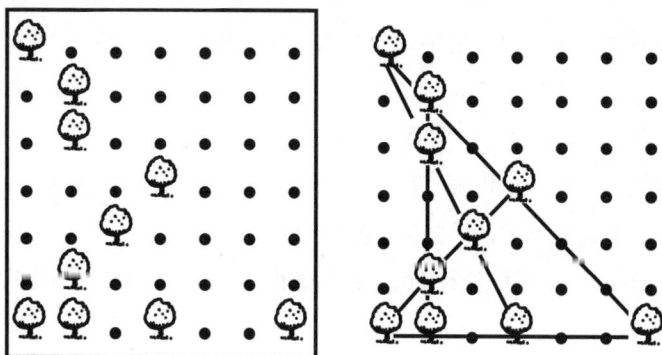

图15

1.13　白老鼠

【题】一共有13只老鼠（图16）围绕着一只猫。猫打算按照一定的顺序来吃它们：每一次按顺时针方向数出第13只老鼠，并吃掉它。

图16

猫应该从哪只老鼠开始吃才能保证白老鼠最后一个被吃掉?

【解】猫应该先吃掉它眼睛盯着的那只老鼠,也就是从小白鼠后开始数的第5只老鼠。

从这只老鼠开始数,每次吃掉第13只——你会发现白老鼠会是最后被吃掉的。

2.1 三条直线 ///////////////////////////////////

【题】要将图17用3条直线切分成7部分，使每部分里都有一只动物。

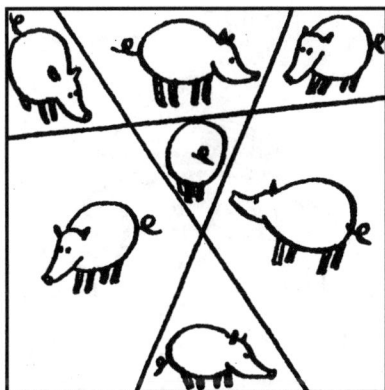

图17

【解】答案：

图18

2.2 表盘 ///////////////////////////////////

【题】要把图19所示的表盘切分成6部分，不管形状如何，但是要求每部分里面数字的总和是一样的。

这道题目不只要求你的灵活性，还要求你思考的速度要快。

图19

【解】表盘上所有数字的总和是78，6部分中每一部分的数字和就是$\frac{78}{6}=13$。具体的切割方法如图20所示。

图20

2.3　月牙 ///

【题】只用两条线将图21所示的月牙图形切割成6部分。

要怎么切？

【解】应该像右图中虚线画出的那样切割。得到了6部分，为了方便观察已给6部分标号。

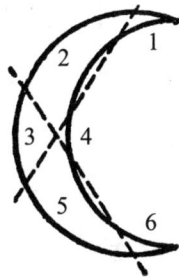

图21　　　　　　　　　图22

2.4　切分逗号 ///////////////////////////////////////

【题】你看到了一个大的逗号（图23）。

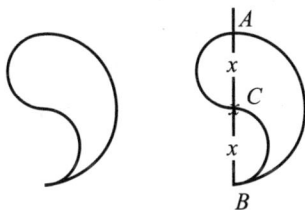

图23

它的结构很简单：在直线AB的右侧有一个半圆，在AC的左侧和CB的右侧分别有两个半圆。

第一个问题，如何用一条曲线将逗号切割成两个完全一样的部分。

第二个问题更有意思，如何用两个逗号可以组成一个圆。

【解】切分方法如图24a所示。切分出的两部分完全一样，因为这两部分都是由相同形状构成的。

图24b指示出了怎样用两个逗号构成一个圆。

图24

2.5 打开立方体

【题】如果你沿着纸板制的正方体的边剪它，将它打开后能得到6个正方形，6个正方形的位置分布大约如图25所示。

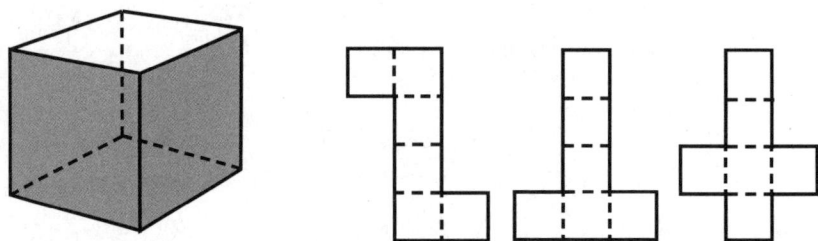

图25

用这种方法剪立方体能够得到多少不同的打开图形？换句话说，可以用多少种方法将立方体打开？

提醒一下读者，不同的图形数少于10个。

【解】图26展示了所有不同的打开方式。总共有10种。

还可以将第一个和第五个图形翻转，这样又增加了两种方法，那么总的打开方式就不是10个而是12个。

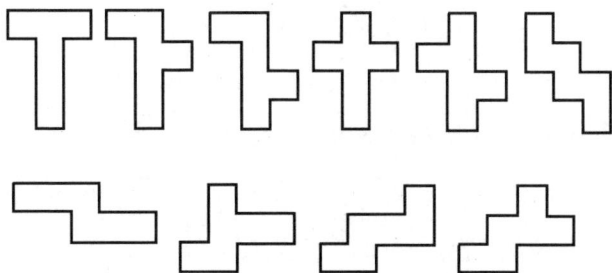

图26

2.6 组成正方形 ///

【题】 你能用图27a所示的5张纸组成一个正方形吗?

如果你想到了怎样解决这个问题,试着用5个形状一样的三角形(三角形的一个直角边是另一个的两倍)组成一个正方形。你可以将其中一个三角形剪成两部分,但是不能剪裁另外4个三角形(图27b)。

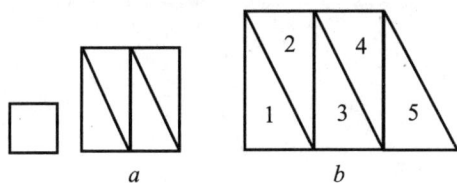

图27

【解】 第一个问题的解决方法如图28a所示。图28b展示了怎样用5个三角形组成一个正方形。其中一个三角形被切割成两部分的方法如下图。

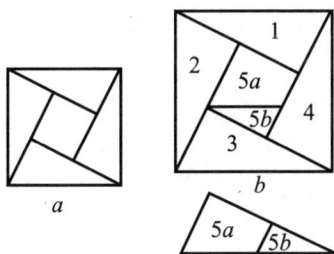

图28

3

Chapter

第三章

关于正方形的习题

3.1　木匠 ///

【题】一位木匠用这种方法检验他锯出的木板是不是方形：逐一比较各边的长度，如果四边的长度一样，就认为切割正确。

这个方法可靠吗？

【解】只用这样的方法检验还不够。可以通过这种检验的四边形不一定是正方形。你可以在图29中看到这样的例子，这些四边形的四边等长，但是4个角都不是直角（菱形）。

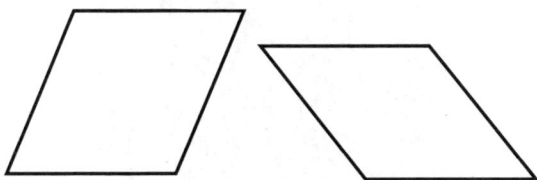

图29

3.2　另一个木匠 ///

【题】另外一个木匠用另一种方法检验：他量的不是边，而是对角线，如果两条对角线一样长，木匠就认为切割出的是正方形。

你也是这样认为的吗？

【解】这个检验方法同第一个一样不可靠。正方形的对角线当然是一样长的，但并非所有对角线一样长的四边形都是正方形。图30中展示的图形很清晰地告诉了我们这一点。

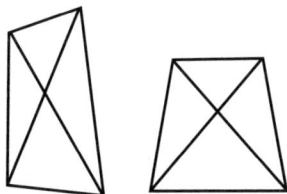

图30

木匠应该将前面两种检验方法结合在一起，这样就可以确定图形是不是正方形。所有对角线等长的菱形都是正方形。

3.3　第三个木匠

【题】第三个木匠在检验的时候发现，两条对角线划分出的四部分（图31）面积是一样的。他认为这证明了切割出的图形是正方形。

你觉得呢？

图31

【解】这种检验方法只能证明被检验的四边形是直角的四边形。但是这个检验不能证明它的四边是否等长，如图32所示。

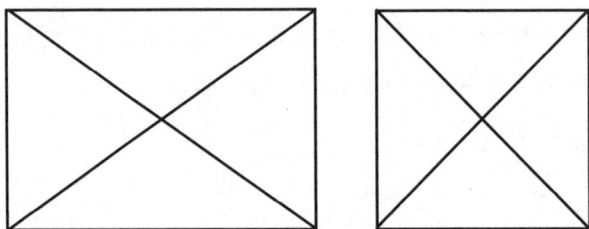

图32

3.4　裁缝

【题】裁缝需要将一块布剪成正方形。她剪了几块，将布沿对角线对折，看两部分能否重合。她用这种方法来检验图形是不是正方形。如果能够重合，那么剪出的图形就是正方形。

是这样的吗？

【解】只用这个方法检验还不够。图33中画出了几个四边形，将这些四边形沿对角线对折，两部分能够重合。但它们不是正方形。从图33你可以看到这些图形能够通过检验，但是它们和正方形之间有很大差别。

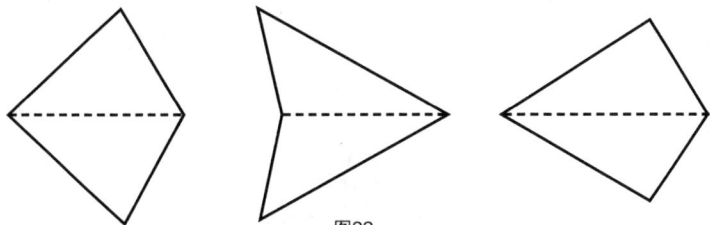

图33

这样的检验只能证明图形是对称的。

3.5 另一个裁缝

【题】另一个裁缝不满意第一个裁缝的检验方法。她先是沿着一条对角线对折，然后再沿着另一条对角线对折。只有两次都能重合，她才认为剪出的图形是正方形。

你认为这个检验方法如何？

【解】这个检验方法并不比前一个好。你可以剪出很多满足这个检验方法的四边形，但是它们都不是正方形。图34中的图形所有的边都是等长的（这是菱形）。

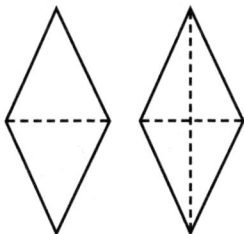

图34

为了确定剪出的布是不是正方形，除了按照裁缝的方法检验外，还要量一下对角线是否等长（或者量四个角是否相等）。

3.6　木匠的困惑

【题】年轻木匠有一块五边形的木板如图35所示。如你所见，木板是由一个正方形和位于它上方的三角形构成的。木匠需要在不添加、不减少的基础上将它转换成正方形。为此肯定需要先将木板锯成几块。年轻的木匠也打算这样做，但是他希望锯不超过两条直线来切割木板。

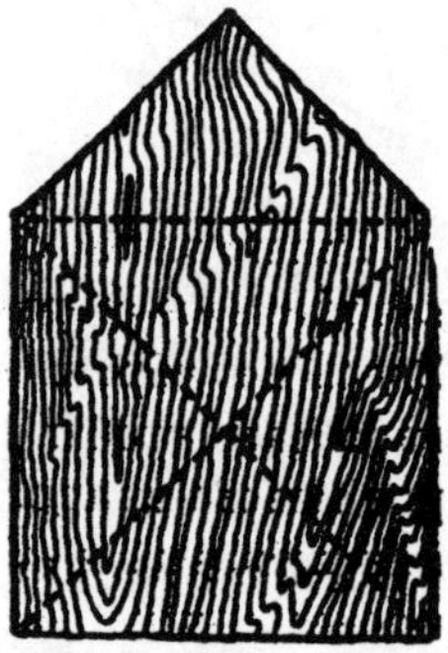

图35

能否在用不超过两条线来切割木板的情况下切割出来的部分组成一个正方形吗？如果可以，应该怎么做呢？

【解】第一条线应该从顶点c开始到de边的中点，另一条线从de的中点到顶点a。用得到的三块木板1、2、3组成正方形的方法如图36所示。

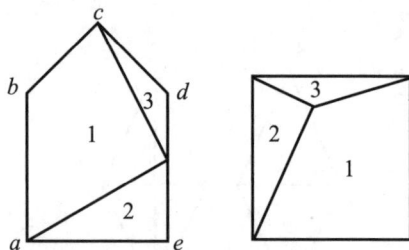

图36

4

Chapter

第四章

关于工作的习题

4.1 挖土工 //

【题】 5个挖土工在5小时内挖出5米长的沟。多少个挖土工能在100小时内挖出100米长的沟?

【解】 很容易掉入这道题目的陷阱:如果5个挖土工在5小时内能挖5米长,那么在100小时挖100米就需要100个人。但这是完全错误的:只需要5个挖土工。

事实上,5个挖土工在5小时内挖5米,也就是5个挖土工在1小时挖1米,在100小时挖100米。

4.2 锯木工 //

【题】 锯木工将原木锯成1米长的木条。原木的长度是5米。每锯一次的时间是1.5分钟。需要多少时间他能锯完整根原木?

【解】 经常有人回答1.5×5,也就是7.5分钟。他们忘记了最后一次锯断后得到两段。也就是说,要得到5段1米长的木头,需要锯4次,而不是5次,为此需要1.5×4=6分钟。

4.3 粗、细木工师傅 //

【题】 一个木工小组从事一项工作,小组由6名粗木工和1名细木工组成。每名粗木工各收入20元,细木工的收入比小组7个成员的平均收入多3元。问细木工的收入是多少元?

【解】 不难算出小组每个成员的平均收入:把多出的3元平均分到6位粗木工身上就行了。因此,把每位粗木工的20元加上5角钱,这就是7个人中每个人的平均收入。

从而,细木工的收入是20元5角加3元,即23.5元。

4.4　5个断开的链条 ////////////////////////////////////

【题】铁匠拿来了5个链条，每个上面有3个铁环——它们如图37所示——要求铁匠将它们连成一个完整的链条。

图37

铁匠在开始工作以前思考了一下，需要打开几个铁环，再重新锻上。他觉得需要打开并锻上4个铁环。

可以在完成工作的同时减少打开铁环的数量吗？

【解】只需要打开一个链条上的3个环就足够了，然后用这3个环分别连接剩下的4个链条的两端。

4.5　多少辆车？ ////////////////////////////////////

【题】修车厂在一个月的时间内能修好40辆车——汽车和摩托车。因为修车而生产的轮胎总数是100。

问，一共有多少辆汽车多少辆摩托车？

【解】如果40辆车全是摩托车，那么总的轮胎数是80，也就是比实际上少了20个。用一辆汽车代替摩托车，那么轮胎数将增加两个：与实际数量之间的差距将减少两个。很明显，应该进行10次这样的替换，才能将差距缩减到0。这样，汽车的数量是10，摩托车是30。

总和为：$10 \times 4 + 30 \times 2 = 100$。

4.6 削土豆皮

【题】 两个人给400个土豆削皮；其中一个人每分钟能给3个土豆削皮，另一个人——2个。第二个人的工作时间比第一个人长25分钟。

他们每个人工作了多长时间？

【解】 在多出来的25分钟时间里第二个人一共削了 $2 \times 25 = 50$ 个土豆。从400个中减去这50个，那么在相同的时间里两个人一共削了350个土豆。每分钟两个人一共削了 $2 + 3 = 5$ 个，用350除以5，得出他们每个人都工作了70分钟。

这就是第一个人的工作时间，第二个人的工作时间是 $70 + 25 = 95$ 分钟。

他们削的土豆数量：$3 \times 70 + 2 \times 95 = 400$。

4.7 两个工人

【题】 两个人用了7天时间完成工作，第二个人开始工作的时间比第一个人晚两天。如果两个人单独完成这项工作，那么第一个人完成工作的时间要比第二个人长4天。

两个人单独完成这项工作各需要几天？

这是一道纯算术习题，解题的时候可以不用到分数。

【解】 如果两个人单独完成半份工作第一个人需要的时间比第二个人多2天（因为完成全部工作两个人之间的时间差是4天）。两个人一起工作时第二个人刚好晚了2天，很明显，在7天时间里第一个人刚好完成了半份工作，第二个人用5天时间完成了另外半份。所以，第一个人可以用14天时间完成全部工作，第二个人需要10天。

4.8　两个打字员

【题】 将录入报告的任务交给两个打字员。更有经验的一个能用2个小时录完，另一个——3个小时。

如果他们在内部分配工作的时候考虑到要在最短的时间内完成任务，他们需要多少时间才能完成这项工作？

这道题的解题方法同著名的蓄水池问题一样。就是：每个打字员在一小时内能完成的工作占全部工作的多少；将两个分数加在一起，用整数1除以这个分数。

你能不能想出一个新的解题方法，区别于这个传统方法？

【解】 非传统的解题方法是这样的——首先设定一个问题：打字员之间应该怎样分配工作才能同时完成任务？（很明显，只有在这样的条件下，也就是没有停歇，工作才能在最短的时间内完成）有经验的人打字的速度是没经验的人速度的1.5倍，那么第一个人的工作量就应该是第二个人的1.5倍，这样两个人就能同时完成。由此得出，第一个人应该完成报告的$\frac{3}{5}$，第二个人完成报告的$\frac{2}{5}$。

题目基本上快解出来了。只需要算出第一个打字员完成$\frac{3}{5}$的报告需要多少时间。她完成全部工作需要2个小时，也就是说，完成$\frac{3}{5}$的工作，需要$2 \times \frac{3}{5} = \frac{6}{5}$小时。第二个打字员也应该在这段时间内完成自己那部分工作。

两个打字员完成任务的最短时间是1小时12分。

4.9　称面粉

【题】 商店要称5袋面粉的重量。商店中有秤，但是缺少几个秤砣，不能称出50千克到100千克之间的重量。每袋面粉的重量在50－60千克之间。

店主没有惊慌，开始把每两袋面粉放在一起称重。5袋面粉一共可以组成10对，因此需要称10次。得到了10个数字，如下：

110千克，112千克，113千克，114千克，115千克，116千克，117千克，118千克，120千克，121千克。

5袋面粉分别是多少千克？

【解】店主先是将10个数字加在一起，得到的数字是1156，这是总重量的4倍：每袋面粉都被称了4次。除以4，我们得出了5袋面粉的总重量是289千克。

现在为了方便区分面粉，根据重量给它们编号。最轻的一袋是1号，第二轻的是2号，等等，最重的一袋是5号。不难得出，在下列数字：110,112,113,114,115,116,117,118,120,121中，第一个数字是1号和2号的重量和，第二个数字是1号与3号的重量和。最后的数字（121）是最重的两袋面粉4号和5号的重量和。倒数第二个是3号和5号的重量和。所以：

1号和2号重110千克；

1号和3号重112千克；

3号和5号重120千克；

4号和5号重121千克。

很容易得出1号、2号、4号和5号的重量和是：110+121=231千克。用总重量（289）减去这个数字得到的就是3号的重量为58千克。

用1号和3号的重量和减去已知的3号的重量，得到1号的重量为：112-58=54千克。

同样的方法得出2号的重量为110-54=56千克。

用3号和5号的重量和减去3号的重量，得到5号的重量为120-58=62千克。

只剩下4号的重量未知，用4号和5号的重量和121千克减去5号的重量62千克，得到4号的重量为59千克。

5袋面粉的重量分别为：

54千克，56千克，58千克，59千克，62千克。

我们没有使用方程式就解出了这道题。

5

Chapter

第五章

关于买卖的问题

5.1 柠檬的价钱

【题】 三打柠檬的价钱，金额刚好等于16元所能买到的柠檬个数。

一打柠檬值多少钱？

【解】 已知36只柠檬的价钱，相当于16元所买得的柠檬数。但36只柠檬共值：

$$36 \times （每只价）。$$

而16元给的柠檬个数则为：

$$\frac{16}{（每只价）}。$$

因此，

$$36 \times （每只价）= \frac{16}{（每只价）}。$$

如果不把右边部分除以每只价，则左边部分将增大（每只价）倍，并将等于16：

$$36 \times （每只价）\times （每只价）=16。$$

如果不把左边部分乘以36，则右边部分将要减少到 $\frac{1}{36}$，即：

$$（每只价）\times （每只价）= \frac{16}{36}。$$

由此可知，每只柠檬的价钱为 $\frac{4}{6}=\frac{2}{3}$ 元，每一打的价钱为 $\frac{2}{3}$ 元 $\times 12 =8$ 元。

5.2 斗篷、帽子和套鞋

【题】 有人买了一件斗篷、一顶帽子和一双套鞋，共花了140元。斗篷比帽子贵90元，帽子和斗篷加起来则比套鞋贵120元。

问每样东西各多少钱？本题要求心算，不用方程式。

【解】 假设买的不是斗篷、帽子和套鞋，而是两双套鞋，那么，花的钱就不是140元，而是比这个数目少，所少的数是套鞋比斗篷和帽子便宜的钱数即120元，因此可知两双套鞋共值140−120=20元，因而一双套鞋价钱是10元。

这样就可知道斗篷和帽子共花了140－10=130元。而据题意，斗篷比帽子贵90元。按前述方法思考，假设买的不是斗篷和帽子，而是两顶帽子，则花的就不是130元，而要少90元。因此，两顶帽子共值130－90=40元，从而一顶帽子的价钱是20元。

这样，每样东西的价钱各为：套鞋——10元，帽子——20元，斗篷——110元。

5.3 买东西

【题】我去买东西，钱包里有1元面额的钞票和两角面额的硬币约15元。回来时，剩下的是原来两角面额硬币数的1元钞票和原来1元钞票数的两角面额硬币。我钱包里剩下的钱恰好是我出发前的$\frac{1}{3}$。

问我买东西用了多少钱？

【解】用x表示买东西前的1元面额钞票数，用y表示两角面额的硬币数。这样，出发买东西时，我钱包里的钱数是：

$$（100x+20y）分。$$

买东西回来时，钱包里的钱数是：

$$（100y+20x）分。$$

据题意，后面式子的数目应是前面式子数目的$\frac{1}{3}$，因此：

$$3（100y+20x）=100x+20y，$$

简化后得：

$$x=7y。$$

设$y=1$，则$x=7$。按照这样的假设，我买东西前的钱数是7元2角，而这跟题意不符（题意是"约15元"）。

试设$y=2$，则$x=14$。买东西前的钱数应是14元4角。这就同题意一致了。

如设$y=3$，则钱数就太多了：21元6角。

因此，唯一合适的答案是14元4角。买完东西后还剩下2张1元纸币和14枚二角面额的硬币，即200＋280=480分。这果然是买东西前钱数的$\frac{1}{3}$，即$\frac{1440}{3}$=480。

花掉的钱是1440－480=960分，就是说，买了9元6角的东西。

5.4　买水果

【题】有人花5元钱买了100个不同种类的水果。各种水果价钱如下：西瓜每个5角，苹果每个1角，李子每10个1角。

问每种水果各买了多少个？

【解】本题看来仿佛不明确，但却只有一个答案。答案是：

	个数	价钱
西瓜	1	5角
苹果	39	3元9角
李子	60	6角
共计	100	5元

5.5　涨价和降价

【题】商品的价格上涨10%，然后又下降10%。什么时候的价钱比较低：涨价前还是降价后？

【解】认为两种情况下价钱相同是错误的。下面进行相应的计算。在涨价后商品的价钱变为110%，或者是原来价钱的1.1倍。降价后的价钱为：

$$1.1 \times 0.9 = 0.99,$$

也就是原来价钱的99%。换句话说，降价后的商品比涨价前便宜了1%。

5.6　酒桶

【题】在商店里有6桶酒。在图38中标出了每桶中酒的升数。第一天有两个顾客：一个人买了2桶，第二个人买了3桶，第一个人买的数量比第二个人少一倍。6桶酒只剩下了1桶。

剩下的是哪桶？

图38

【解】第一个人买的是15升和18升的酒，第二个人买的是16升、19升和31升的酒。

于是有：

$$15+18=33；$$

$$16+19+31=66。$$

第二个人买的酒量是第一个人的两倍。

剩下的是装有20升酒的酒桶。

这是唯一可能的答案。其他的组合不能满足题目的条件。

5.7　卖鸡蛋

【题】这个古老的民间问题第一眼看上去极其荒谬，因为这个问题中提到了卖半个鸡蛋。但是这道题完全可以解决。

农妇到市场上卖鸡蛋。第一个顾客从她那里买了全部鸡蛋的一半又$\frac{1}{2}$个。第二个顾客买了剩下鸡蛋的一半又$\frac{1}{2}$个。第三个顾客总共只买了一个鸡蛋。这之后农妇的鸡蛋全卖光了。

她带了多少鸡蛋到市场?

【解】应该从后面往前解题。在第二个人买走剩下鸡蛋的一半又半个之后农妇手中只剩下一个鸡蛋。也就是说,一个半鸡蛋就是第一个人买走后剩下鸡蛋的一半。第一个人买走后所以剩下鸡蛋的总数就是三个。加上半个鸡蛋就是农妇最开始拥有鸡蛋数量的一半。这样,农妇带到市场上的鸡蛋总数就是7个。

检验一下:

$$7 \div 2 = 3.5 \quad 3.5 + 0.5 = 4 \quad 7 - 4 = 3$$
$$3 \div 2 = 1.5 \quad 1.5 + 0.5 = 2 \quad 3 - 2 = 1$$

完全符合题目中的条件。

5.8 别涅季克托夫问题

【题】许多俄罗斯文学爱好者都没有注意到,诗人别涅季克托夫是第一本俄语数学难题集的作者。这本集子没被出版,被以手稿的形式保留下来,直到1924年才被人们发现。我曾看过这本手稿,下面这道题目以小说的形式出现,正是出自这本难题集。它的题目是《怪题巧解》。

——有个老婆婆卖鸡蛋,一共有90个鸡蛋,派了自己的三个女儿去市场,给了大女儿10个鸡蛋,二女儿30个,三女儿50个。同时对她们说:

"事先商量好你们按什么价格卖,你们都要坚持同一个价格。我希望大女儿以自己的聪明才智,在遵守共同价格的前提下,用10个鸡蛋卖出的价钱与二女儿卖出30个鸡蛋的价钱一样,并且教会二女儿,让她用30个鸡蛋卖出的价钱与三女儿卖出50个鸡蛋的价钱一样。你们三个最后收到的钱数要一样。我还要求卖出10个鸡蛋的总钱数不少于10分钱,90个鸡蛋的总钱数不少于90分钱。"

就此结束别涅季克托夫书中的故事,读者们自己思考一下女儿们是如何满足妈妈提出的要求的。

【解】我们把中断的故事讲完。

问题很难解决。女儿们在去市场时彼此商量，二女儿和三女儿决定听大女儿的。大女儿思考了一下，说：

"我们不要以10个为单位卖，而是以7个为一组卖。每7个鸡蛋设定一个价格，我们每个人都要遵守这个价格，像妈妈说的那样。记住，不要降低设定好的价格！最开始的7个鸡蛋卖3分钱，同意吗？"

"太便宜了，"二女儿说。

"嗯，"大女儿反对道，"但是我们把卖完整7个鸡蛋后把剩下鸡蛋的价格涨上去。我已知道，除了我们以外市场上没有其他人卖鸡蛋。没有人讲价。当货少而还有需求的时候，众所周知，价格要上涨。我们用剩下的鸡蛋弥补差额。"

"剩下的鸡蛋按什么价格卖？"小女儿问。

"每个鸡蛋卖9分钱。就这个价格。非常想买的人才卖给他。"

"太贵了，"二女儿再次指出。

"哪会，"大女儿说，"可是最开始我们每7个鸡蛋卖得很便宜。剩下的就该卖得贵。"

另外两个女儿同意了。

她们到了市场。每个女儿都独自坐在自己的位置上卖鸡蛋。开始以便宜的价格卖鸡蛋。买主到有50个鸡蛋的小女儿那里，鸡蛋一抢而空。她一共卖了7次7个鸡蛋，得到了21分钱，篮子里还剩下一个鸡蛋。有30个鸡蛋的二女儿一共卖了4次7个鸡蛋，篮子里还剩下两个鸡蛋。她得到了12分钱。大女儿卖出了7个鸡蛋，她得到了3分钱，剩下了3个鸡蛋。

突然来了一个厨娘，主人让她到市场上买不少于10个鸡蛋，不管市场上还剩下多少。主人的儿子们来做客，他们非常喜欢吃鸡蛋。厨娘在市场上转了又转，鸡蛋都卖完了，3个卖鸡蛋的人手里总共只剩下6个鸡蛋：一个人的篮子里面有1个鸡蛋，第二个人——2个，第三个人——3个。

当然，厨娘先去了有三个鸡蛋的大女儿那里。厨娘问：

"3个鸡蛋多少钱？"她回答说：

"每个鸡蛋9分钱。"

"你说什么？疯了吗！"厨娘说。

"随你便，"大女儿说，"便宜了不卖。这是最后的了。"

厨娘去了有两个鸡蛋的二女儿那。

"怎么卖？"

"每个鸡蛋9分钱。定的就是这个价钱。"厨娘离开了。

"这个鸡蛋多少钱？"厨娘问小女儿。小女儿回答道：

"9分钱。"

没别的办法，不得不以罕见的高价买鸡蛋。

"给我所有剩下的鸡蛋。"

厨娘给了大女儿27分钱买了3个鸡蛋，加上刚才卖鸡蛋的钱，一共是30分钱。给了二女儿18分钱买了两个鸡蛋，加上二女儿刚才卖鸡蛋的钱，刚好也是30分钱。小女儿从厨娘那里得到了9分钱，加上前面得到的21分钱，总共也是30分钱。

这之后女儿们回到了家，每个人给了妈妈30分钱，向妈妈讲了她们是如何卖鸡蛋的，怎样遵守了共同价格，最后卖掉10个、30个和50个鸡蛋的价钱一样。

妈妈很满意女儿们的表现和大女儿的聪明才智。最满意的是她们总共得到了90分钱，——符合她的要求。

读者可能会好奇，别涅季克托夫这本未出版的难题集是一本什么样的书呢？别涅季克托夫这本书没有名字，但是在序言中对这本书的性质和目的做了一定的介绍。

"算数"是一项让人愉快的活动和游戏。许多 "戏法"（在别涅季克托夫的手稿中重点标出）都建立在数字计算的基础上。此外借助普通的扑克牌，让扑克牌参与到数量的计算当中，由此也产生了一些戏法。有一些习题，在解题的过程中需要用到最庞大的数字，这激起了解题人的好奇心，也由此让他们形成了对数字的理解。我们将所有这些划分为算数的补充部分。要解决这些习题需要有灵活的头脑。这些习题尽管看上去很荒谬，与常识相违背，但是它们还是可以解决的。比如，这里列举的题目为《怪题巧解》的习题。算数的实际应用有时候需要的不仅是纯算术的理论规则，还需要通过开发大脑所获得的灵活性，开发大脑建立在对大事小情涉猎的基础上。正因如此我们研究这些习题并非多余。

别涅季克托夫的手稿分为20个未标号的章节，每一个章节都有自己的标题。前几章的标题如下：《有魔法的正方形》《猜出从1到30中被选定的数字》《猜出暗中安排好的数目》《暗中选中的数字自身被发现》《辨认出被勾掉的数字》等。之后是一些算术性质的扑克牌戏法。在这之后——有趣的章节《会施魔法的统帅和算术军队》：借助手指的乘法，以笑话的形式呈现。接下来——我上面转述的卖鸡蛋的故事。倒数第二章——《不够摆满64格象棋盘的小麦》——讲述的是关于象棋发明人的古老传说。

最后，第20章《居住在地球上的人口数》，讲的是尝试计算在整个人类历史上地球上居住过的人口的数量（我在《趣味代数学》中做过类似的计算）。

6

Chapter

第六章

天平与称重

6.1　百万份配件 ///////////////////////////////////////

【题】配件的重量是89.4克。想象一下，100万份这样的配件重多少吨。

【解】类似的计算题应该这样计算。应当用89.4克乘以100万。

计算分两步进行：89.4克×1000＝89.4千克，因为1千克是1克的1000倍。然后89.4千克×1000＝89.4吨，因为1吨是1千克的1000倍。

这样总重量是89.4吨。

6.2　蜂蜜和煤油 ///////////////////////////////////////

【题】一罐蜂蜜重500克。同样的罐子装上煤油重350克。煤油比蜂蜜轻一倍。空罐子有多重？

【解】因为蜂蜜的重量是煤油的两倍，那么重量差500－350＝150克就是装在罐子里面的煤油的重量（罐子和蜂蜜的重量就是两份煤油加上罐子的重量）。由此可以确定罐子的重量：350－150＝200克。于是：500－200＝300克，也就是蜂蜜的重量是煤油的两倍。

6.3　圆木的重量 ///////////////////////////////////////

【题】圆木重30千克。

如果圆木比现在粗一倍，但是也比现在短一半，那它的重量将是多少？

【解】通常的回答是，宽度增加到两倍，长度减少一半的圆木重量不会改变。但是这并不正确。因为宽度增加一倍，圆木的体积增加三倍。因为长度减少一半，体积减少一半。因此变粗变短的圆木的重量应该是原来的2倍，也就是重60千克。

6.4　在水下 ///////////////////////////////////////

【题】在普通的天平上：一端——鹅卵石，重量是2千克，另一端——2千克重的铁砝码。小心地把这个天平放到水下。

天平的两端还能保持平衡吗？

【解】 每一个物体，如果将它放入水下都会变轻：它"失去"的重量就是被挤出去的水的重量。知道了这一法则（由阿基米德发现），我们就可以轻松地回答这个问题。

2千克重的鹅卵石的体积比2千克重的砝码体积大，因为石块（岩石）比铁轻。也就是，鹅卵石挤出的水量比砝码多。根据阿基米德原理，鹅卵石在水下"失去"的重量比砝码多。这样，在水下的天平偏向砝码一端。

6.5　十倍制天平[①]

【题】 100千克重的铁钉在小数天平上与铁砝码达到平衡。天平被水淹没。在水下天平的两端还能保持平衡吗？

【解】 在被水淹没的过程中，铁制的物体（实心的）失去自身重量的 $\frac{1}{8}$。因此水下砝码的重量将是原来重量的 $\frac{7}{8}$。铁钉——同样是原来重量的 $\frac{7}{8}$。又由于铁钉的实际重量是砝码的10倍，则铁钉在水中的重量也是砝码的10倍。这样天平在水下依然保持平衡。

6.6　一块肥皂

【题】 天平的一端上放着一块肥皂，另一端放着大小是这块肥皂的 $\frac{3}{4}$ 的另一块肥皂和 $\frac{3}{4}$ 千克砝码。天平达到平衡（图39）。

整块肥皂的重量是多少？试着不用笔和纸，口算解决这道问题。

【解】 $\frac{3}{4}$ 块肥皂 $+\frac{3}{4}$ 千克和整块肥皂的重量一样。整块肥皂内包含了 $\frac{3}{4}$ 块肥皂加上 $\frac{1}{4}$ 块肥皂。也就是说 $\frac{1}{4}$ 块肥皂的重量是 $\frac{3}{4}$ 千克，整块肥皂的重量

---

① 十倍制天平，指砝码可以与10倍重的物品取得平衡的天平。

图39

就是它的4倍，也就是3千克。

6.7 猫和猫仔

【题】 在图40中你们能看到，4只猫和3只猫仔的重量是15千克，3只猫和4只猫仔的重量是13千克。

图40

每只猫和猫仔单独的重量是多少？前提是所有的猫重量一样，猫仔重量一样。试着口算解决这道问题。

【解】 比较两次称重，很容易发现因为用一只猫仔替换了猫，所有总重量减少了2千克。由此得出猫比猫仔重2千克。知道了这一点，在第一次称重时4只猫全部用猫仔替换：那么总共有4+3＝7只猫仔，它们的总重量不是15千克，而是要减少2×4＝8千克。也就是7只猫仔的重量是15−8＝7千克。

由此可知，猫仔的重量是1千克，猫的重量是1+2＝3千克。

6.8　水果的重量 ////////////////////////////////////

【题】另一道这种类型的问题。图41显示3个苹果和1个梨的重量与10个桃子的重量一样。6个桃子和1个苹果的重量同1个梨的重量一样。

图41

多少个桃子的重量和一个梨的重量一样？

【解】在第一次称重时用6个桃子和1个苹果替代1个梨，我们可以这样做是因为1个梨的重量等于6个桃子和1个苹果的重量和。那么天平的左边是4个苹果和6个桃子，天平的右边是10个桃子。分别从两边拿下6个桃子，得出4个苹果的重量和4个桃子一样。所以一个苹果的重量等于一个桃子的重量。

现在很容易得出，一个梨的重量等于7个桃子的重量。

6.9 多少个杯子？ ///////////////////////////////////////

【题】在图42中你们能看到，瓶子和杯子加在一起的重量等于罐子的重量，瓶子的重量等于杯子加盘子的重量，两个罐子的重量等于三个盘子的重量。

问题：多少个杯子的重量等于一个瓶子的重量？

图42

【解】可以用不同的方法来解这道题。下面是方法之一。

在第三次称重时分别用一个瓶子和一个杯子来替代一个罐子（由第一次称重结果我们得知在此条件下天平会保持平衡）。我们这时知道两个杯子和两个瓶子的重量等于3个盘子的重量。在第二次称重的基础上我们可以用1个杯子和1个盘子来替换1个瓶子。那么，4个杯子和两个盘子的重量等于3个盘子的重量。

从天平的两端各拿下两个盘子，可知4个杯子的重量等于一个盘子的重量。

那么，一个瓶子的重量等于（比较第二次称重）5个杯子的重量。

6.10　砝码和锤子

【题】要将2千克的砂糖分成每份重量是200克的小袋。只有一个500克重的砝码和重900克的锤子。

怎么用这个砝码和锤子称出10袋砂糖？

【解】解题的步骤是这样的。先在天平的一端放上锤子，在另一端加上砝码和能使天平保持平衡的砂糖。很明显，放在这一端的砂糖重量是900－500＝400克。再进行三次这样的操作，剩下的砂糖重量是2000－（4×400）＝400克。

现在只剩下将得到的5份400克砂糖中的每一份都分成两半。没有砝码也能很轻松地办到：将400克糖分装在两个袋子里，将两个袋子放在天平的两端，调整两边的砂糖量，直到天平达到平衡。

6.11　阿基米德问题

【题】最古老的称重难题——毫无疑问，是由古代的统治者提给著名的数学家阿基米德的问题。

故事是这样的，统治者命工匠制作一个雕像的王冠，交给他必需数量的金和银。当王冠制作完成的时候，王冠的重量和交给工匠的金和银的重量一样。但是有人对统治者说工匠私藏了一部分金，并用银来替代。统治者把阿基米德叫来，让他鉴定王冠里面有多少金和银。

阿基米德解决这个问题的方法是根据：金在水中失去自身重量的 $\frac{1}{20}$，银在水中失去自身重量的 $\frac{1}{10}$。

希望你想凭借自己的力量解决这道问题，首先告诉你一共给了手艺人8千克金和2千克银，阿基米德在水下称重时，王冠的重量是9.25千克。试着根据这些数据计算一下手艺人藏了多少金。假设王冠是实心的，没有空隙。

【解】如果王冠整个是用纯金做的，它在水外的重量是10千克，在水下的重量失去重量的 $\frac{1}{20}$ 也就是 $\frac{1}{2}$ 千克。实际上，我们知道，在水中失去的重量是 $10-9.25=\frac{3}{4}$ 千克。因此它里面含有银，银在水中失去的重量不是 $\frac{1}{20}$，而是 $\frac{1}{10}$。银在王冠中的数量应该保证王冠在水中失去的重量是 $\frac{3}{4}$ 千克，比之前的 $\frac{1}{2}$ 千克增加了 $\frac{1}{4}$ 千克。如果用在纯金的王冠中用1千克银替代1千克金，那么王冠在水中失去的重量将比之前增加，$\frac{1}{10}-\frac{1}{20}=\frac{1}{20}$ 千克。因此，为了达到实际上增加的 $\frac{1}{4}$ 千克，需要替换的银的重量就是 $\frac{1}{4}\div\frac{1}{20}=5$ 千克。这样，在王冠里面有5千克银和5千克金，而不是交给工匠的是2千克银8千克金，工匠私藏下了3千克金并用银来替换。

Chapter

7

第七章

钟表的问题

7.1　3块表

【题】在家中有3块表。1月1日这天它们显示的都是正确时间。但是只有第1块表走得正确，第2块表一昼夜慢一分钟，第3块表一昼夜快一分钟。如果3块表仍是这样走，过多少时间3块表再一次同时显示正确时间？

【解】经过720个昼夜。在这段时间第2块表慢了720分钟，也就是整整12小时；第3块表快了同样多的时间。这时3块表显示的时间同1月1号时显示的时间相同，也就是正确的时间。

7.2　钟和闹钟

【题】昨天我检查了墙上的钟和闹钟，把它们的指针调准了。钟一小时慢2分钟，闹钟一小时快1分钟。

今天钟和闹钟停了：发条停下来了。钟的表盘上的指针指示的时间是7点，闹钟表盘上指示的时间是8点。

昨天我是在几点钟调的时间？

【解】闹钟每小时比墙上的钟快3分钟。在20小时内它要快1小时，也就是60分钟。但是在这一个小时闹钟比正确时间快20分钟。就是在19小时20分钟前指针的位置被调整正确，也就是在11点40分。

7.3　几点钟?

【题】"去哪?"

"赶6点钟的火车。离出发还有几分钟?"

"50分钟前，超过3点的分钟数是剩下的时间的4倍。"

这个奇怪的答案指的是什么？现在是几点？

【解】在3点和6点之间有180分钟。不难算出到6点还剩下的分钟数，也就是180−50＝130，将这130分钟分成两部分，其中一部分是另一部分的4倍。也就是要把130分钟分成5份。这样，是差26分钟6点。

这样在50分钟前，距离6点的时间是26＋50＝76分钟，也就是从3点到这个时候经过了180－76＝104分钟，这是现在距离6点时间的4倍。

7.4 什么时候指针重合？ ///////////////////////////////////

【题】在12点两个指针重合。但是你们可能注意到了，这不是两个指针重合的唯一时刻。它们在一天时间内要重合几次。

你能指出指针重合的所有时间吗？

【解】从12点开始观察指针的移动。此时时针与分针重合。因为时针移动的速度是分针的$\frac{1}{12}$（它转一圈需要12小时，而分针需要1小时），那么在接下来的一小时内时针和分针一定不会重合。这样过了一个小时。时针指向数字1，已经转完了一圈的$\frac{1}{12}$；分针已经转完了一圈，重新指向数字12，落后时针一圈的$\frac{1}{12}$。现在情况改变了：时针转动比分针慢，但是它在分针前方，分针需要赶上时针。如果时针和分针之间的竞赛持续一个小时，那么在这段时间里分针转动一圈，而时针转动$\frac{1}{12}$圈，也就是分针多转动$\frac{11}{12}$圈。为了追赶上时针，分针需要比时针多转动$\frac{1}{12}$圈，也就是它们之间相差的距离。为此需要的时间不是一小时，而是一小时的$\frac{1}{11}$。也就是说，时针和分针经过$\frac{1}{11}$小时重合，就是经过$\frac{60}{11}$分钟。

这样，一点后，经过$\frac{60}{11}$分钟指针的重合，也就是在1点$\frac{60}{11}$分。

下次重合发生在什么时候？

不难算出，经过1小时$\frac{60}{11}$分钟，也就是在2点$\frac{120}{11}$分再次重合。下一次——再经过1小时$\frac{60}{11}$分钟，也就是在3点$\frac{180}{11}$分，等等。不难看出，总共重合11次；第十一次重合出现在第一次后的12小时，也就是在12点。换句话说，和第一次重合一样，接下来的重合又和前面的一样。

这就是所有的重合时间：

第一次重合——在1点$\frac{60}{11}$分；

第二次重合——在2点$\frac{120}{11}$分；

第三次重合——在3点$\frac{180}{11}$分；

第四次重合——在4点$\frac{240}{11}$分；

第五次重合——在5点$\frac{300}{11}$分；

第六次重合——在6点$\frac{360}{11}$分；

第七次重合——在7点$\frac{420}{11}$分；

第八次重合——在8点$\frac{480}{11}$分；

第九次重合——在9点$\frac{540}{11}$分；

第十次重合——在10点$\frac{600}{11}$分；

第十一次重合——在12点。

7.5 什么时候指针指向相反方向？

【题】在6点两个指针刚好指向相反的方向。只有在6点才会出现这种情况，还是在其他时间也能出现呢？

【解】这个问题的解题方法和前一道题非常相似。还是从12点开始，这时指针重合。需要计算一下，分针超过时针半圈需要多少时间——这时时针和分针刚好指向相反的方向。我们已经知道（看前面一道题）在一小时的时间内分针超过时针$\frac{11}{12}$圈；要超过时针半圈所需要的时间要少于一小时——比一小时少$\frac{11}{12} : \frac{1}{2}$，也就是共需要$\frac{6}{11}$小时。就是在12点后，经过$\frac{6}{11}$

小时，也就是经过$\frac{360}{11}$分钟时针和分针指向相反方向。看表上的12点$\frac{360}{11}$分，你会发现指针所指的方向正好相反。

这是时针和分针处于这样的相对位置的唯一时刻吗？当然不是。每次指针重合后经过$\frac{360}{11}$分钟指针就会处于这样的相对位置。我们已经知道在12小时内指针重合11次，也就是说，在12小时内指针指向相反方向的次数也是11次。不难找到这些时刻：

第一次　　12点$+\frac{360}{11}$分$=$12点$\frac{360}{11}$分；

第二次　　1点$\frac{60}{11}$分$+\frac{360}{11}$分$=$1点$\frac{420}{11}$分；

第三次　　2点$\frac{120}{11}$分$+\frac{360}{11}$分$=$2点$\frac{480}{11}$分；

第四次　　3点$\frac{180}{11}$分$+\frac{360}{11}$分$=$3点$\frac{540}{11}$分；等等。

把计算剩下时间的任务交给你们，还有7次。

7.6　在"6"的两侧 ///////////////////////////////////////

【题】我看了一下表，发现两个指针处在数字6的两侧，与6之间的距离一样。这是几点呢？

【解】这道题的解题方法与前面一题一样。想象一下两个指针指向数字12，然后时针远离一点，我们用x表示这段距离。分针在这段时间内转动$12x$。如果经过的时间不超过1小时，那么为了满足题目中提出的条件需要分针离一圈终点的距离与时针离一圈起点的距离一样。也就是：$1-12x=x$。

于是$1=13x$（因为$13x-12x=x$）。所以$x=\frac{1}{13}$圈。时针走完$\frac{1}{13}$圈需要$\frac{12}{13}$小时，也就是指示12点$\frac{320}{13}$分。分针走过的时间是它的12倍，也就是$\frac{1}{13}$圈，两个指针距离12的距离相同，于是与数字6之间的距离也相同。

我们找到了指针满足条件的一个位置——在十二点后的第一个小时范围内出现的位置。在第二个小时内这样的满足条件的位置将再出现一次；根据前面的推导公式我们能够找到这个时间：

$$1-（12x-1）=x或者2-12x=x。$$

由此$2=13x$（因为$13x-12x=x$），所以$x=\dfrac{2}{13}$圈。处于这种位置时指针指示的时间将是1点$\dfrac{660}{13}$分。

指针第三次处于满足条件的位置时，时针与"12"之间的距离是$\dfrac{3}{13}$圈，也就是2时$\dfrac{660}{13}$分，等等。满足条件的位置共计11个，并且6点后时针与分针的位置交换：时针所处的位置是以前分针所处的位置，而分针占据原时针的位置。

7.7　什么时间？

【题】在什么时间表盘上分针超过时针的距离刚好是时针超过数字"12"的距离？这样的时刻在一天中会出现几次，还是一次也不会出现？

【解】如果从12点开始观察两个指针，那么在第一个小时里我们找不到满足要求的时间。为什么？因为时针转动的距离是分针的$\dfrac{1}{12}$，所以时针落后分针的距离远远多于满足条件的距离。无论分针与12之间的距离是多少，时针转动的距离都是这个距离的$\dfrac{1}{12}$，不是条件所要求的$\dfrac{1}{2}$。这样过了一个小时。现在分针指向12，时针指向1，时针在分针前方$\dfrac{1}{12}$圈处。我们来看一下，满足条件的指针位置能否在第二个小时内出现。假设当满足条件的位置出现时，时针所处的位置与12之间的距离为x。分针所走过的距离是时针的12倍，也就是$12x$。如果从这里减去一圈，那么剩下的$12x-1$就应该是x的2倍，也就是$2x$。由此得出$12x-1=2x$，所以$1=10x$（因为$12x-10x=2x$）。$x=\dfrac{1}{10}$圈。答案就是：时针与12之间的距离

是 $\frac{1}{10}$ 圈，需要经过1小时12分钟。分针与12之间的距离是它的2倍，也就是 $\frac{1}{5}$ 圈，等于 $\frac{60}{5}$ ＝12分钟，正好符合题意。

我们找到了问题的一个答案。还有其他满足条件的答案：指针在12小时内有几次都处于这样的位置。我们试着找出剩下的答案。

2点的时候，分针指向12，时针指向2。根据前面的推论，得到等式：

$$12x-2=2x。$$

$2=10x$，也就是 $x=\frac{1}{5}$ 圈。相应的时间是 $\frac{12}{5}$ ＝2时24分。

剩下来的答案，你们很容易自己算出来。一共有10个时刻满足题目的要求：

1时12分，2时24分，3时36分，4时48分，6时，

7时12分，8时24分，9时36分，10时48分，12时。

答案"6时"，"12时"第一眼看上去是错误的。事实上：6点的时候指针指向6，分针指向12，也就是与12的距离刚好是时针的2倍。12点的时候时针与12的距离是"0"，分针的距离是"两倍的0"（因为两倍的0也是0），在这个时刻实际上满足条件。

7.8 反过来

【题】如果你认真的观察手表，可能你会偶然发现，指针所处的位置刚好是与前面描述的情况相反：时针超过分针的距离和分针超过数字12的距离一样。

这是什么时候？

【解】经过前面的论述要解决这道题就不难了。很容易计算第一次满足条件的时间应该是满足下面等式的时间：

$$12x-1=\frac{x}{2}。$$

由此 $1=\frac{23}{2x}$，$x=\frac{2}{23}$ 圈，也就是在12点后又经过 $\frac{24}{23}$ 小时。就是说在1点

$\dfrac{487}{23}$分指针的位置满足要求。确实，分针应该位于12和$\dfrac{24}{23}$时之间，也就是在$\dfrac{12}{23}$时的位置，正好是$\dfrac{1}{23}$圈（时针走过$\dfrac{2}{23}$圈）。

指针第二次处于满足条件的位置时满足下面的等式：

$$12x-2=\dfrac{x}{2}。$$

由此$2=\dfrac{23}{2x}$，$x=\dfrac{4}{23}$，指示的时间——2时$\dfrac{120}{23}$分。

第三次满足条件的时间——3时$\dfrac{180}{23}$分，等等。

其他各次，依此类推。

7.9　3和7

【题】钟敲了3次。在它敲的时候经过了3秒钟。钟敲7次需要多少时间？

事先提醒你们，这个问题不是笑话，里面有陷阱。

【解】通常会回答："7秒。"但是这个答案并不正确。

当钟敲了3次，我们发现中间有2次间隔：

①在第一次和第二次之间

②在第二次和第三次之间

两次间隔持续3秒钟，也就是每次持续$\dfrac{3}{2}$秒。

当钟敲7次的时候，这样的间隔一共有6次。6次，每次$\dfrac{3}{2}$秒，一共是9秒。所以，时钟"敲7点"（也就是敲7次）用9秒钟。

7.10　手表的"滴答"声

【题】在这一章的结束部分进行一个小实验。将自己的手表放在桌子上，离桌子三步或者四步远，听手表的滴答声。如果房间里面足够安静，你会听到手表的走动是有停顿的：某一段时间滴答响，而接下来的几秒完全没声音，然后再次向前走……

怎样解释这种不均匀的走动？

【解】手表滴答声中间出现奇怪的间隔的原因是听觉的疲劳。我们的听觉感到疲劳，休息了几秒钟——正是在这个间隔我们没有听到滴答声。经过短暂的休息，疲劳消失，敏捷的听力再次出现——这时我们重新听到手表走动的声音。然后再次出现疲劳……

8

Chapter

第八章

交通工具问题

8.1 往返飞行 //

【题】飞机从 *A* 市飞到 *B* 市用了1小时20分。但是返程用了80分钟。怎样解释？

【解】这道题目没什么好解释的，飞机完成两次飞行的时间是一样的，因为80分钟＝1小时20分。

这个问题是为那些不认真的读者准备的，这些读者可能认为1小时20分和80分钟之间有差异。掉入这个陷阱的人并不少，而且经常计算的人反而容易掉入陷阱。原因在于他们习惯了10进制计算和货币单位。面对"1小时20分"和"80分钟"，我们自然地把它们看成120分钟与80分钟的区别了。这道问题针对的就是这个心理错误。

8.2 两个火车头 //

【题】你们可能见过有两个火车头的火车：一个在车头前面，一个在车尾。你有没有想过这时车钩和缓冲器会怎样？前面的车头只有在车钩拉紧的时候才能带动车厢。但是，这时缓冲器并不彼此接触，后面的车头并不能推动车厢。相反，当后面的车头推动车厢的时候，缓冲器彼此紧挨着，车钩没有拉紧，因此前面的车头没有发挥作用。

结论是两个车头无法同时使火车前进：要么前面的车头工作，要么后面的车头工作。为什么要接两个车头？

【解】这个复杂的问题解决起来很简单。前面的火车头拉动的不是整列火车，而只是它的一部分，大约半截火车。剩下的车厢被后面的火车头推动。前半段火车的车钩拉紧，后半段车钩放松，缓冲器彼此紧挨着。

8.3 火车的速度 //

【题】你坐在火车里，想要知道火车运行的速度。

你能否根据车轮的撞击声来判断？

【解】 你们肯定注意到了坐火车的时候一直能感受到有节奏的碰撞，没有任何的缓冲能阻止这种碰撞。这些碰撞的产生是因为车轮轻轻地撞击在两节铁轨连接的位置，而且碰撞传递到整节车厢。

这些恼人的碰撞对车厢和铁轨都有害，但是可以用它们来判断火车的速度。只需要数一下一分钟内发生过几次碰撞，就可以知道火车经过了几条铁轨。然后用这个数字乘以车轮的长度，你就可以得出火车在一分钟内行驶的距离。

一般铁轨的长度约为15米 。利用手表数一下一分钟内有多少次撞击，用这个数字乘以15，然后乘以60，再除以1000——得到了火车一小时行驶多少千米：

$$\frac{（碰撞次数）\times 15 \times 60}{1000} = 每小时行驶千米数。$$

8.4　两列火车

【题】 两列火车同时从两个车站相向出发。第一列到达终点站是在两车相遇后的1小时以后，第二列则在相遇后的2小时15分钟后到达。

"快车"的速度是"慢车"的几倍？（本题只准心算）

【解】 快车到达相遇地点走过的路程除以慢车到达相遇地点走过距离等于快车速度除以慢车速度。在相遇后快车到终点的距离就是慢车走过的距离，反过来也是。换句话说，慢车在相遇后剩下路程除以快车剩下路程等于快车速度与慢车速度之比。如果用 x 表示速度关系，那么从相遇到到达终点快车所用的时间是慢车所用时间的 $\frac{1}{x^2}$。由此 $x^2 = \frac{9}{4}$，$x = \frac{3}{2}$，也就是快车的速度是慢车的1.5倍。

8.5　火车怎样出发？

【题】 你们可能发现了，在火车出发前，司机常常让整列车先向后退。为什么要这样做？

【解】火车到达车站后停止，车钩是拉紧的。如果火车在这种状态下拉动车厢，它必须使整列火车马上行驶，因为车厢很沉重，所以很难办到。如果火车头事先向后退将是另一种情况。这时车钩松懈，一节车厢跟着一节车厢地前进，这当然要轻松得多。

简短地说，火车司机做的事情与赶马车的车夫所做的一样：车夫只有在马车开始行驶后才跳上马车，否则马就必须一下子拉动很重的重量。

8.6 竞赛

【题】两艘帆船参加竞赛，需要在短时间内往返行驶24千米。第一艘船行驶完全程的平均速度是每小时20千米，第二艘船去时每小时行驶16千米，回时每小时行驶24千米。

第一艘船获胜。但是，第二艘船在去时落后于第一艘船的距离，与返程时领先的距离相同，而且，它与第一艘船确实是同时行驶的。

那为什么它落后了？

【解】第二艘船落后的原因是，它以每小时24千米的速度行驶的时间少于以每小时16千米的速度行驶的时间。确实，以24千米/时的速度行驶的时间是 $\frac{24}{24}=1$ 小时，而以16千米/时行驶的时间是 $\frac{24}{16}=\frac{3}{2}$ 小时。因此它去时浪费的时间比回时节约的时间长。

8.7 从恩斯克到伊科索格拉

【题】顺流行驶时轮船的速度是每小时20千米，逆流行驶——每小时15千米。从恩斯克市的码头行驶到伊科索格拉的码头所需要的时间比返程时少5小时。

两个城市间的距离是多少？

【解】顺流行驶时轮船行驶1千米用3分钟，逆流行驶时——1千米用

4分钟。在顺流时轮船每行驶1千米省时1分钟，因为它全程省时5小时，也就是300分钟，所以从恩斯克到伊科索格拉的距离是300千米。

果然：

$$\frac{300}{15} - \frac{300}{20} = 20 - 15 = 5。$$

9

Chapter

第九章

意想不到的计算结果

9.1 一杯豌豆

【题】你们不止一次见过豌豆，而且常把杯子拿在手中。它们的尺寸你们一定很清楚。想象一个装满了豌豆的杯子，用线穿过杯中所有的豌豆，像项链一样。

如果将这根穿了豌豆的线拉直，它的长度大约是多少？

【解】目测这道题的答案，可能会错，而且很蠢。还是计算一下好，哪怕是估算也好。

豌豆的直径——约为$\frac{1}{2}$厘米。在一立方厘米的容器内能放入不少于$2 \times 2 \times 2 = 8$个豌豆（如果装得密实，还能放更多）。在容量是250立方厘米的杯子中豌豆的数量不少于$8 \times 250 = 2000$粒。将它们穿在线上，长度将是$\frac{1}{2} \times 2000 = 1000$厘米，也就是10米。

9.2 水和啤酒

【题】在一个瓶子内有一升啤酒，另一个瓶子里面是一升水。从第一个瓶子里往第二个瓶子里面倒一匙啤酒，然后从第二个里面往第一个里面倒一匙混合的液体。

什么更多一些：第一个瓶子里面的水还是第二个瓶子里面的啤酒？

【解】在解题的时候，如果没注意到在来回倒过两次之后瓶子里面液体的体积不变，就很容易弄错。假设在互换第二个瓶子里面有n立方厘米啤酒，也就是有$1000 - n$立方厘米水。那少的n立方厘米水去了哪里？很明显，它们应该在第一个瓶子里面。也就是说在两次倒完后，在水里面的啤酒和在啤酒里面的水一样多。

9.3 色子

【题】有一个色子（图43）：正方体的六个面上分别有1~6个点子。

彼得打赌：如果扔4次色子，那么在这4次里面一定有一次掷出的结果是1。

弗拉基米尔确信，4次投掷的结果中要么1不会出现，要么1会出现两次或两次以上。

他们两个人谁赢的机会更大？

图43

【解】在4次投掷中所有可能掷出的结果共计6×6×6×6＝1296种。假设第一次投掷已经完成，并且掷出了1。对彼得有利的投掷结果，也就是剩下的3次投掷都不出现1，所有可能结果共计5×5×5＝125。如果1出现在第2次或者第3次、第4次投掷后，对彼得有利的投掷结果共计也是125。所以，数字1在4次投掷中只出现1次的所有可能结果共计125＋125＋125＋125＝500个。对彼得不利的所有可能结果共计1296－500＝796个，因为所有剩下的情况都是对其不利的。

我们看到了，弗拉基米尔胜出的可能性比彼得高：796对500。

9.4　法国锁

【题】尽管法国锁早就很有名（早在1865年就已闻名于世），但是只有很少的人知道它的结构。因此经常听到有人怀疑可能存在很多不同样式的法国锁和与其相配的钥匙。只要了解了这些锁的精妙结构，就能明白将其多样化的可能性。

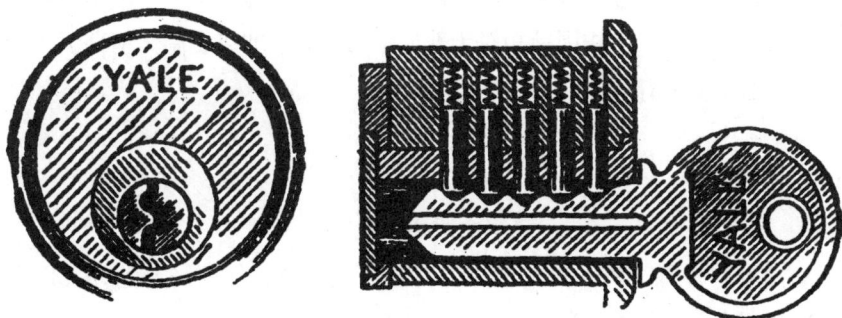

图44

图44的左侧描绘了法国锁——这是它的"正面"。顺便说一下，名称中的"法国"完全不正确，这类锁的故乡是美国，它们的发明者——美国人雅勒，这就是为什么在这些锁和钥匙上面都有"Yale"这个标识。你会发现在锁孔的周围有一个不大的圆圈：这是锁的中轴所穿过这个部分。开锁就是要转动这根轴，开锁的困难之处也就在于此。原因是这个中轴被5个短的钢制轴心固定在一定的位置（图44，右侧）。每一个轴心被锯成两部分，只有轴心的切口与中轴相吻合，中轴才能转动。

只有在锁孔内插入正确的钥匙，轴心才有可能处于正确的位置。

只要将钥匙插入并转动，轴心就有可能处于将锁打开的唯一位置。

现在可以确定，这种锁的种类确实很多。这取决于用多少种方法将轴心切割成两半，方法当然不是无穷无尽的，但是仍是很多的。

假设每一个轴心被锯成两段的办法只有10种，试着计算一下，在这种条件下一共能做出多少种法国锁。

【解】不难算出，可以制出不同的锁的数目共有 $10 \times 10 \times 10 \times 10 \times 10 = 100000$ 个。

这100000个锁中的每一个都有相配的钥匙——唯一能打开锁的钥匙。有10万把不同的锁和钥匙，当然能够保证锁的主人的安全，因为捡到钥匙的人能够进入房间的可能性是 $\dfrac{1}{100000}$。

我们的计算结果只是大概的：它建立在每个轴心锯成两段的方法有10

种这一假设基础上。事实上方法的数量可能更多，那么不同的锁的总数也将增加。由此清楚了法国锁相对于普通锁的优势（如果它制作精良），每12个普通锁中就有1到2个是一样的。

9.5　多少个肖像？

【题】在纸上画一张肖像画，将它剪成几条，如图45所示，我们将其剪成9条。如果你还会画画的话，应该能再准备几张画有脸上不同部位的纸条，但是要求相邻的两个纸条，即使是来自于不同的肖像，也能很好地拼接在一起构成一张完整的人脸。如果你为脸上的不同部位分别准备了4张纸条[①]，总共有36个纸条，将其中的9个摆在一起，你能组成不同的肖像。

图45

曾经，在商店里能买到类似这样的画好的纸条（或者长方体）来拼接肖像（图46），售货员告诉顾客用36个纸条能够组成上千种不同的肖像。

---

① 将它们贴在长方体的四个面上将更加方便。

图46

这种说法对吗?

【解】肖像的数量确实多于1000。可以用下面的方法计算。给9个部分标号为Ⅰ，Ⅱ，Ⅲ，Ⅳ，Ⅴ，Ⅵ，Ⅶ，Ⅷ，Ⅸ。每个部分都有4个纸条，我们将其标号为1，2，3，4。

拿来纸条Ⅰ，1。可以将其与Ⅱ，1；Ⅱ，2；Ⅱ，3；Ⅱ，4组合。

这里得到了4种组合。因为第Ⅰ部分也可以用4张纸条（Ⅰ，1；Ⅰ，2；Ⅰ，3；Ⅰ，4）表示，它们当中的每一个都与第Ⅱ部分搭配的组合都有4个，那么最上面的两部分组合的方法共有4×4＝16种。

这16种搭配中的每一种都有4种方法与Ⅲ搭配（Ⅲ，1；Ⅲ，2；Ⅲ，3；Ⅲ，4）。于是，前三部分搭配的方法共计16×4＝64种。

这样我们知道Ⅰ、Ⅱ、Ⅲ、Ⅳ搭配的方法共计64×4＝256种。Ⅰ、Ⅱ、Ⅲ、Ⅳ、Ⅴ搭配的方法共计1024种。Ⅰ、Ⅱ、Ⅲ、Ⅳ、Ⅴ、Ⅵ搭配——4096种，等等。最后，所有9部分搭配在一起组成肖像的方法共计4×4×4×4×4×4×4×4×4＝262144种。

因此，用纸条可以组成的肖像数远不止1000，而是比20万还多!

这道习题也向我们解释了为什么很少能看到两个长得一样的人。在莫诺马赫的《训诫》中他对世人的脸庞都是独一无二的这一点感到惊奇。但是现在我们验证了，如果人的脸是由9部分的特征来区别的，假设每部分有4种类型，那么会存在多于260000种不同的脸庞。事实上，人的脸上确定特征的部分多于9处，这些部分的类型也多于4种。那么，假设在脸上存在20个特征，每个特征有10种类型，不同的脸庞有：$10 \times 10 \times 10 \times 10 \cdots \cdots$（20个10），也就是$10^{20}$，100000000000000000000种。

这个数量比地球上人口的数量多得多。

9.6 树叶 //

【题】 如果从某种老树上——比如椴树——揪下所有的叶子，并将它们没有缝隙地摆成一排，那么这一排叶子的长度大约是多少？比如说，能不能用它们包围一栋大房子？

【解】 不只是房子，就是一个不大的城市也能被这一排树叶包围，因为这一排的长度约是12千米！事实上：在老树上有不少于20万—30万片叶子。假设有25万片叶子，每片叶子的宽度是5厘米，那么这一排的长度是1250000厘米，也就是12500米，12.5千米。

9.7 100万步 //

【题】 你一定知道100万是多少，也能够估计出自己的一步有多长。既然你清楚这两点，那么你不难回答这个问题：走100万步能走多远？比10千米长还是短？

【解】 100万步的距离比10千米长得多，甚至比100千米长。如果一步的长度约为$\frac{3}{4}$米，那么1000000步＝750千米。从莫斯科到圣彼得堡的距离是640千米，所以从莫斯科步行100万步，你走到的终点比彼得堡还要远。

9.8 立方米 //

【题】 在一所学校里教师问了这样一个问题：如果体积为一立方毫米的小立方体所组成的立方体体积为一立方米，将这些小立方体叠在一起垒成的柱子有多高？

"将比埃菲尔铁塔（300米）高！"一个学生喊道。

"甚至比勃朗峰（5000米）高！"另一个学生回答。

他们当中谁错得更离谱？

【解】 两个答案都远不是正确答案。因为柱子的高度比世界上最高的山，还要高100倍。确实，一立方米等于1000米×1000米×1000米，也就是10亿立方毫米。将其一个接一个垒在一起，它们组成的柱子高度是1000000000毫米，也就是1000000米，1000千米。

9.9 谁更多？ ///

【题】 两个人花了两个小时数他们面前人行道上走过的行人数量。其中一个人站在家门口，另一个人则在人行道上走来走去。

他们谁数的数量更多？

【解】 两个人数出的数量一样。尽管站在门口的人数到了两个方向的行人，但是来回往返的人将看到路人两次。

10

Chapter

第十章

难办的事

10.1 老师和学生 ////////////////////////////////

【题】据说，下面的这个故事发生在古希腊时期。教授智慧学的老师、诡辩家普罗泰戈拉收了一个年轻的学生欧提勒士，教授他法庭辩论之术。师徒二人订立了一个合同，在学生打赢第一场官司之后，才付给老师学费。

欧提勒士学完了全部课程之后，普罗泰戈拉就开始等着收学费了，但是学生并不急于去打官司。这可怎么办呢？为了从学生那里追讨学费，老师就把学生告上了法庭。普罗泰戈拉的逻辑是这样的：如果原告打赢了官司，法官就会判学生付钱给他；如果他输了官司，那么被告相应的就赢了官司，按照二人之间的合同，学生在打赢了第一场官司之后，就应该付给老师学费。

但是他的学生欧提勒士却认为，普罗泰戈拉的官司是绝对打不赢的。看来，他还真是得到了老师的真传，他的推理是这样的：如果他被判付钱，那么按照合同他输了官司是不必付给老师钱的；如果他赢了官司，那么按照法院判决他也就不必付钱给老师了。

审判那天，法官犯难了，经过长时间的冥思苦想之后，法官想出了破解之道，做出了判决，在不破坏老师和学生合同的前提下，使老师拿到了学生的学费。

法官到底是如何判决的呢？

【解】判决是这样的：让老师放弃起诉，但是给老师第二次对此事提起诉讼的权利，理由是学生在第一次诉讼中取得胜利。这样第二场官司毫无疑问要判老师赢了。

10.2 遗产 ////////////////////////////////

【题】这也是个古老的题目，古罗马时期的律师们总爱给对方出这个难题。

一个寡妇要同她即将出生的孩子分配丈夫留下来的3500元钱。按照古罗马的法律，如果生下来的是儿子，那么母亲可分得儿子份额的一半；如果生下来的是女儿，母亲分得的遗产就是女儿的两倍。如果寡妇生下的是双胞胎——一个儿子和一个女儿，那么应该怎么分配遗产才能符合法律的规定呢？

【解】寡妇应该分到1000元，儿子分到2000元，女儿分到500元。这样立遗嘱的人的遗愿才能实现，因为寡妇分到的那份是儿子的一半，而是女儿的两倍。

10.3 倒牛奶

【题】一个罐子里装有4升牛奶。需要把这4升牛奶平分给两个人，但是只有两个空罐子：一个罐子的容积是$2\frac{1}{2}$升，另一个是$1\frac{1}{2}$升。

应该怎么借助这3个罐子来平分这4升牛奶呢？

当然，需要把牛奶在罐子之间倒来倒去很多次。

应该怎么倒才行呢？

【解】要来回倒7次才行，具体过程可以用下图直观地表示出来：

	4升罐	$1\frac{1}{2}$升罐	$2\frac{1}{2}$升罐
第1次倒	$1\frac{1}{2}$	—	$2\frac{1}{2}$
第2次倒	$1\frac{1}{2}$	$1\frac{1}{2}$	1
第3次倒	3	—	1
第4次倒	3	1	—
第5次倒	$\frac{1}{2}$	1	$2\frac{1}{2}$
第6次倒	$\frac{1}{2}$	$1\frac{1}{2}$	2
第7次倒	2	—	2

10.4 如何安排住宿？ ///////////////////////////////////

【题】有一次，宾馆的值班员陷入了一个特别困难的境地。宾馆里一下子来了11名客人，他们都要单间，可是宾馆里只剩下了10间空房。所有的客人都不让步。把11名客人安排入住10间客房，并保证每个人都住单间，这明摆着是不可能的。值班员想出了个妙招，解决了这个让人伤透脑筋的问题。

他想出了这么个主意。他把第1位客人安排入住第1号房间，并请求他暂时将第11位客人留在房间里，就待5分钟。把这两位客人安排好之后，他又做了如下安排：

第3位客人入住第2号房；

第4位客人入住第3号房；

第5位客人入住第4号房；

第6位客人入住第5号房；

第7位客人入住第6号房；

第8位客人入住第7号房；

第9位客人入住第8号房；

第10位客人入住第9号房。

这样，剩下第10号房还是空闲的。只需要把暂时在第一号房里待着的第11位客人安排到第10号房就可以了。如此安排让所有客人都甚感满意，恐怕也让这本书的大部分读者都大感意外了。

这个小把戏的秘密到底在哪里呢？

【解】秘密在于并没有把第2位客人送到房间里去：在安排了第1和第11位客人后，直接就去安排第3位客人了，而把第2位客人给忘了。因此才"成功"地解决了这个不可能解决的问题。

10.5 两支蜡烛 ///////////////////////////////////

【题】屋里的灯突然灭了：保险丝断了。我把桌上预先准备好的两支蜡烛点燃了，在保险丝没有修好之前，我都是在蜡烛光下工作的。

第二天我需要计算出昨天灯灭的时间。我没有注意断电的时刻，不知道是几点来电的，我也不知道蜡烛的原始长度是多少。我只记得两支蜡烛长度是一样的，但粗细不同：其中粗的那支完全燃尽需要5个小时，而细的那支需要4个小时。两支蜡烛都是第一次使用。烧剩下的蜡烛头我也没有找到，因为家里人把它们给扔了。

"蜡烛头太小了，就不用留着了，"家人跟我解释说。

"你记不记得蜡烛头有多长？"

"它们长度不一样。其中一个是另一个的4倍。"

我所知道的就是这些，因此我只能利用上述这些数据计算蜡烛燃烧的时间。

如果是你的话，你会怎么解决这个难题的呢？

【题】要解决这个问题要列一个简单的方程。设蜡烛燃烧了x个小时。粗蜡烛每小时燃烧了长度的$\frac{1}{5}$，而细蜡烛则是$\frac{1}{4}$。可知，粗蜡烛头的长度为$1-\frac{x}{5}$，细蜡烛头的长度则是$1-\frac{x}{4}$。我们已知两支蜡烛的长度是一样的，而且知道细蜡烛头长度的4倍即$4\left(1-\frac{x}{4}\right)$等于粗蜡烛头的长度$1-\frac{x}{5}$：

$$4\left(1-\frac{x}{4}\right)=1-\frac{x}{5}$$

解方程，得$x=3\frac{3}{4}$小时。蜡烛燃烧了3小时45分钟。

10.6　3名侦察兵

【题】有一次，3名侦察兵遇到了一个难题：他们三人步行来到一条河边，需要走到河对岸去，但是河上并没有桥。正好，河上有两个小孩在划船，他们愿意帮助侦察兵。可小船实在是太小了，只能承担一个侦察兵的重量，甚至一个侦察兵和一个小孩都不能同时上船，否则就有翻船的危险。3名侦察兵谁都不会游泳。

看来，只能把一名侦察兵送过河去了。但最后结果是，3名侦察兵都顺利到达了河对岸，并把小船还给了两个小孩。

他们是怎么做到的呢？

【解】 必须要做如下六次运送才行：

第1次。两个小男孩先驾船到对岸，然后再由其中一个小男孩驾船朝侦察兵所在岸边驶去（另一个小男孩就留在对岸）。

第2次。驾船的小男孩就留在岸边，第一个士兵上船并驾船渡河到对岸。另一个小男孩再驾船返回。

第3次。两个小男孩一起坐船到对岸后，其中一人再坐船回来。

第4次。第2个侦察兵坐船渡河到对岸，一个小男孩驾船再返回。

第5次。同第3次。

第6次。第3名士兵坐船到对岸。

船再交给小男孩。两人又可以像开始一样在河上泛舟了。

现在3名侦察兵都到对岸了。

10.7　一群母牛

【题】 下面也是一道古老而有趣的题目。

某人要把他的一群母牛分给儿子们。他分给大儿子1头牛和牛群余数的 $\frac{1}{7}$；二儿子两头牛和牛群余数的 $\frac{1}{7}$；三儿子3头牛和牛群余数的 $\frac{1}{7}$；四儿子4头牛和牛群余数的 $\frac{1}{7}$，依此类推。这样，所有的牛都全部分给了儿子们。

请问，他有多少个儿子？又有多少头母牛呢？

【解】 要用倒序计算（就是说不使用方程的方法）的方法解决这个问题。

最小的儿子得到的牛的数目同其他所有儿子得到的牛的数目一样多；牛群余数的 $\frac{1}{7}$ 他是不可能得到的，因为他得到牛之后就不剩一头牛了。

继续：倒数第二个儿子得到的牛的数目是其他所有人得到的牛的数目减去一再加上牛群余数的 $\frac{1}{7}$。由此可知，最小儿子得到的牛的数目就是此时牛群余数的$\frac{6}{7}$。

因此可以推断出，最小儿子得到的牛的数目应能被6除尽。

让我们假设最小的儿子得到的是6头牛，再验证这个假设是否正确。如果最小的儿子得到的是6头牛，那么所有儿子得到的都是6头牛。五儿子得到的是5头牛再加上余下7头牛的$\frac{1}{7}$，即一头牛，总共也是6头牛。最小两个儿子得到的牛总数就是6+6＝12头牛，这个数就等于四儿子分牛时，牛群总数的$\frac{6}{7}$。那么在分给四儿子牛时，牛群余数就是$12\div\frac{6}{7}＝14$头牛；因此，四儿子分到的牛就是$4+\frac{14}{7}＝6$。

在给三儿子分完牛后，牛群的余数我们就可以算出：6+6+6＝18，那么18也就是给三儿子分牛时牛群余数的$\frac{6}{7}$；因此可以得到余数的总数为$18\div\frac{6}{7}＝21$。三儿子分到的牛就是$3+\frac{21}{7}＝6$。

按照这个方法，我们也可以得出二儿子和大儿子分得的牛的数目也是6头。

我们的假设被证实是正确的：一共有6个儿子，牛群有36头牛。

还有没有别的答案呢？假设儿子不是6个，而是12个；看起来这个假设并不对。18这个值也是不对的。再大的数目就没有必要再去试了：谁也不可能有24个或更多的儿子。

10.8 一平方米 //

【题】当阿廖沙第一次听说一平方米内包含着100万个一平方毫米时，他怎么都不相信这是真的。"这个数怎么会这么大啊？"他吃惊地说，"我这儿正好有一块长宽各一米的方纸。难道这么个方块里会有整整100万个小方块吗？无论如何我都不信！"

"那你就数一数吧，"有人建议他说。

阿廖沙也决定这么做了：把所有的小方块一一数出来。他早上很早就起床开始数，阿廖沙很认真，他每一数出来小方块，就用一个点标出来。

他给每一个平方毫米画记号的时间是一秒钟，他画得挺快的。

阿廖沙片刻不停地数。可即便这样，大家觉得他在一天的时间内能证明每平方米内有100万个平方毫米吗？

【解】在那一天阿廖沙是无论如何不能成功的。即使他一刻不停地数上一天的小方格，他一个昼夜也只能数出86400个小方格。因为一天24个小时总共有86400秒。他要连续不停地数上12个昼夜，或者在每天数8个小时持续整整一个月，他才能数到第100万个小方格。

10.9　100个坚果 ///

【题】要把100个坚果分给25个人，要求每个人分得的坚果数目都不是偶数。你能做到吗？

【解】很多人上来就寻找和试验可能的所有组合，但是他们的努力总会付之东流。但是你只要仔细稍微想想，你就会明白所有的努力都是白费：这个题目没有答案。

如果100可以由25个奇数相加得到的话，那么就是说奇数个奇数相加得到了一个偶数——100，这当然是不可能的。

事实上：我们可以列出12组偶数和一个奇数；每一组偶数相加都会得到一个偶数，那么12个偶数相加的和也必定是一个偶数；再将这个和同一个奇数相加，结果肯定是奇数；所以100是怎么也不可能分成25个奇数的。

10.10　怎么分? ///

【题】两个好朋友煮粥：一个往锅里放了300克米，另一个往锅里放了200克米。粥做好了，两个人正准备吃的时候，一个行人走了过来同他们一起吃粥。行人走的时候留了50戈比作为粥钱。

那么这两个好朋友应当怎么分这笔钱才对呢？

【解】大多数人都会这样解这个题，就是加了200克米的那个人应当得到20戈比，加了300克米的人应当得到30戈比。这个分法完全是错误的。

应该这样推理：这50戈比是用来支付其中一个人吃的那份的粥的。因为共有3个人吃粥，所以所有粥（500克）的价值就是1卢布50戈比。那个放了200克米的人，相当于拿出了60戈比（因为100克粥的价值等于150÷5＝30戈比）。他吃掉了50戈比的粥，所以他应该得到的钱等于60－50＝10戈比。

放了300克米（相等于拿出了90戈比的钱）应该得到90－50＝40戈比。

因此，应该把这50戈比分10戈比给一个人，剩下40戈比给另一个人。

10.11 分苹果 //

【题】需要把9个苹果平分给12个少先队员。

分苹果的时候要保证每个苹果最多被切成4份。

这个问题一开始看上去好像没法解决，可是每个懂分数的人都能轻松解决这个问题。

有一个类似的问题，相信大家也能轻松地解答出来：把7个苹果平分给12个小朋友，每个苹果最多分成四份。

【解】把9个苹果平分给12个少先队员，任何一个苹果最多被分成四份，这完全是有可能的。

应该这么分：

把所有的6个苹果平分成两半，得到12个一半的苹果。把剩下的3个苹果分成4份，得到12个 $\frac{1}{4}$ 的苹果。现在给12个少先队员每人一个一半的苹果和一个 $\frac{1}{4}$ 的苹果：$\frac{1}{2}+\frac{1}{4}=\frac{3}{4}$。

每个少先队员会得到 $\frac{3}{4}$ 个苹果，这也符合9÷12＝$\frac{3}{4}$ 的要求。

用类似的方法我们可以把7个苹果分给12个少先队员，同时保证任何一个苹果都最多被切成4份。这个时候每个人会分到$\frac{7}{12}$个苹果。我们会得到$\frac{7}{12}=\frac{3}{12}+\frac{4}{12}=\frac{1}{4}+\frac{1}{3}$。

因此我们把3个苹果每个分成4份，把4个苹果每个分成3份，这样就得到了12个$\frac{1}{3}$的苹果和12个$\frac{1}{4}$的苹果。

因此每个人就可以分到一个$\frac{1}{4}$份和一个$\frac{1}{3}$份的苹果，换句话说就是$\frac{7}{12}$个苹果。

10.12　怎么分苹果呢？

【题】有一天有6个朋友来看米沙。米沙的父亲想请6个小朋友吃苹果。可是苹果只剩下了5个。怎么办呢？他想让每个小朋友都有苹果吃，不想让任何一个小朋友难堪。那么他肯定要把苹果切开了。但是把苹果切的太碎又不合适，米沙的父亲决定最多把一个苹果切成3份。这样问题就是：要把5个苹果平分给6个小朋友，每个苹果最多被分成3份。

请问米沙的父亲是如何解决这个问题的？

【解】应该按这样的方法分苹果：把3个苹果每个分成两半；我们会得到6个一半的苹果，把它们分给孩子们。再把剩下的两个苹果每个分成3份；就会得到6个$\frac{1}{3}$的苹果，同样可以再把它们分给每个孩子一份。

每个孩子分到的苹果是一个一半的苹果和一个$\frac{1}{3}$大小的苹果，也就是说每个孩子都得到了同样多的苹果。

按题目要求，没有一个苹果被切成超过3份。

10.13　丈夫和妻子

【题】有人邀请了三对夫妻来吃午饭，安排大家（包括主人自己和妻子）围绕圆桌就座时，想让男女相间而又不使任何一位丈夫坐到自己妻子旁边。

问：这样就座可以有几种方法？假如只注意各人座位的顺序，而不把同样顺序但坐在不同地方的情况计算在内的话。

【解】让丈夫坐好，把他们的妻子安排在他们每人的身边，这种坐法显然共有6种（而不是24种，因为我们考虑的只是位置的顺序）。现在，让每个丈夫留在自己原位，把第1位夫人换到第2位的座位上，把第2位夫人换到第3位的位置上，等等，直到第4位的位置上，而把第4位夫人换到第1位的位置上。这样坐法符合题意的要求，即丈夫不坐在自己夫人旁边。这种坐法也有6种，其中每种都可使夫人继续向前移一个位置，这就又得到6种可行的方案。但再想使夫人们调换座位就不可能了，否则的话，夫人们就该同他们的丈夫坐在一起了，只不过是换了一个方向而已。

因此，各种可能的就座方案共是6＋6＝12个。下面我们用罗马数字（从Ⅰ到Ⅳ）代表丈夫，用阿拉伯数字代表夫人（也是1到4），做成下表，这样，一切就很清楚了。前6种排列方法是：

Ⅰ4	Ⅱ1	Ⅲ2	Ⅳ3
Ⅰ3	Ⅱ4	Ⅲ1	Ⅳ2
Ⅰ2	Ⅲ1	Ⅳ3	Ⅱ4
Ⅰ4	Ⅲ2	Ⅳ1	Ⅱ3
Ⅰ3	Ⅳ1	Ⅱ4	Ⅲ2
Ⅰ2	Ⅳ3	Ⅱ1	Ⅲ4

其他6种排法也一样，只不过男女所坐位置顺序相反而已。

11
Chapter

第十一章

《格列佛游记》中的题目

《格列佛游记》中最令人记忆深刻的部分，毫无疑问，当属那些描写格列佛在小人国和大人国冒险经历的文字。在小人国里，所有人、动物、植物和东西的尺寸——高度、宽度和厚度，都是我们的 $\frac{1}{12}$。而在大人国则相反，这些尺寸都是我们的12倍。为什么《游记》的作者偏偏要选择12这个数字呢，如果我们想到在英国单位体制（《游记》作者为英国人）中，英尺和英寸的比正是12，这就不难理解了。$\frac{1}{12}$、12倍，看起来缩小和放大的程度并不是很大。但是这些神奇的国家里的自然界和生活环境同我们熟悉的环境是有天壤之别的。这些差距常常是很惊人的，这也给我们提供了一些复杂难解题目的素材。在这里我们想向读者们提出10个类似的难题。

11.1　小人国的动物

　　【题】"为了把我运进首都，他们派来了1500匹最大的马。"格列佛在小人国的时候讲道。

　　即便我们知道格列佛和小人国马之间的相对大小，难道不会觉得为了把他运走，所使用的马匹的数量实在是太大了吗？

　　关于小人国的母牛、公牛和羊的大小格列佛说得也很离谱，说自己走的时候，很轻松就"把它们放到口袋里带走了"！

　　这可能吗？

　　【解】在对"格列佛的口粮和饮食"（见本章第5节）的问题的回答中已经计算出，格利佛身体的体积是小人们的1728倍，当然他的重量就是小人们的1728倍。小人们用马车运送他就像运送1728个小人一样困难。从这我们就会明白，为什么运送格列佛要用那么多的马了。

　　小人国的动物的体积是我们世界里的动物 $\frac{1}{1728}$，重量也是 $\frac{1}{1728}$。

　　我们的一头母牛一般高1.5米，重约400千克。那么，小人

国里的一头母牛就高12厘米，重$\frac{400}{1728}$千克了，也就是不到$\frac{1}{4}$千克。显然，我们的口袋完全是可以装得下这样一头袖珍牛的。

"他们最大的马和公牛，"格利佛准确无误地讲述道，"高度也不过四五英寸，绵羊高约一英寸半，而鹅只有我们麻雀那么大……他们那里有些动物小到我都看不见。我有一次看见，厨师在清理一只云雀的内脏，那只云雀就跟我们一只苍蝇差不多；还有一次一个姑娘当着我的面把一条我看不见的线穿进了一个我看不见的针里。"

11.2 硬床铺

【题】当我们在读《格列佛游记》时，我们会读到下面这些文字，讲述小人为自己的巨人客人准备床铺的情形：

"他们用车子把600张普通尺寸的褥子运到我的住处，在我的住处裁缝们就开始了工作。他们把每150条缝到一起，做成一张长度和宽度对我来说合适的床垫。其余的也照样缝好，四层叠在一起，但是我睡在这种床垫上感觉和睡在石板地上一样的硬。"

为什么格列佛睡在这个床铺上会觉得很硬呢?

这里所有的数值都是正确合理的吗?

【解】计算的数值完全是正确的。小人们的身高是我们的 $\frac{1}{12}$,因此他们的床也就是我们的 $\frac{1}{12}$ 了,当然他们的床的表面积就应当是我们床的 $\frac{1}{144}$ 了。对格列佛而言,就需要144(和150相差不大)个小人国的褥子了。小人国褥子的厚度也是我们褥子的 $\frac{1}{12}$。现在我们就可以理解,即使这样的四个褥子叠在一起也不能形成一个"软"床垫的,因为这个褥子的厚度是我们褥子的 $\frac{1}{3}$。

11.3 格列佛的船

【题】格列佛是坐船离开小人国的,而船是偶然在海岸边发现的。那艘船对小人们来说是无比巨大的,比他们舰队中的任何一条船都要大。

假设这艘船可以载重300千克,那么你能够计算出这艘船的排水量[①]大约是多少小人国的吨吗?

【解】从文中我们可以得知,格列佛的船载重300千克,也就是说船的排水量大约是 $\frac{1}{3}$ 吨,而一立方米的水重量是一吨,所以船的排水为 $\frac{1}{3}$ 立方米的水。但是,在小人国所有的尺度都是我们的 $\frac{1}{12}$,立方尺寸是我们的 $\frac{1}{1728}$。很容易算出,我们 $\frac{1}{3}$ 立方米约合575个小人国的立方米,所以格列佛的船的排水量就是小人国的575吨上下,毕竟300千克是我们假设的数值。

在我们这个时代,万吨级的轮船在各大洋航行,575吨的船已经难得一见了。但是在写作《格列佛游记》的时代(在18世纪初),500~600吨的船都是破纪录的了。

---

① 船的排水量等于船满载货物时的最大重量(包括船自身的重量)。一吨等于1000千克。

11.4　小人国的大酒桶和水桶 ////////////////////////////

【题】 "吃饱了之后，"——格列佛在小人国的经历中继续写道，"我用手示意要喝水。他们非常敏捷地把一个大酒桶吊起来，然后让它滚到我的手边，并敲开桶盖，我一口气喝了下去。他们又送给我一桶，我又一口气喝了，并且用手示意还要喝，但是他们却无法供应了。"

在书中别的地方格列佛还提到了小人们使用的水桶，说它们"只有顶针箍那么大小"。

在这个所有东西都是正常尺寸的 $\frac{1}{12}$ 的国家里，这样小的大酒桶和水桶可能存在吗?

【解】 如果小人国的大酒桶和水桶和我们用的形状是一样的，那么他们的大酒桶和水桶不光是高度，而且宽度和长度都应该是我们的 $\frac{1}{12}$，因此，他们的大酒桶和水桶的体积就是我们的 $\frac{1}{1728}$。已知，我们的水桶可以盛60杯水，这样就很容易得出小人国的水桶只能盛 $\frac{60}{1728}$ 杯水，约等于 $\frac{1}{30}$ 杯水。这就只有一茶匙水而已，这样的话，水桶的容积的确还不比一个顶针箍大。

如果水桶的容积只是一个顶针箍那么大，一个大酒桶的体积相当于10个水桶，那么它的容积也不过是半杯大小。格列佛喝完这么两大酒桶的酒还不能解渴，是毫不为奇的。

11.5　格列佛的口粮和饮食 ////////////////////////////

【题】 我们在《格列佛游记》中读到——小人们为格列佛设定了如下的口粮标准："每天可以得到足以维持我国1728名臣民的肉类和饮料。"

"给我做饭的有300位厨师，"格列佛在文中其他地方提道，"他们带了家眷住在我房子附近舒适的小茅屋里。等到我要吃饭的时候，我就用手拿起20名招待员来把他们放到桌面上，还有100名在地面上伺候：有的捧着一盘盘的肉，有的肩膀上扛着一桶桶的葡萄酒和各种酒类。如果我要吃东西，站在桌子上的侍者可以用绳子和滑轮把食物拉到桌子上来。"

小人们是依据什么数据给格列佛规定了这么一份巨大的口粮的呢？为什么伺候一个人吃饭需要这么多的招待员呢？要知道格列佛的身高不过是小人的12倍而已。

就格列佛和小人身高上的差距而言，这份口粮够格利佛吃吗？

【解】文中的数据都是可信的。不应当忘记，小人国里的人虽然比正常人小，但是他们的外形跟普通人是一样的，身体各个部位的比例是正常的。因此他们的高度是我们的 $\frac{1}{12}$，宽窄是我们的 $\frac{1}{12}$，厚薄也是我们的 $\frac{1}{12}$，所以就体积而言，他们身体就不应当是格列佛 $\frac{1}{12}$，而是 $\frac{1}{1728}$。当然，为了养活这样一个巨人，就要给他更多的口粮。这也就是为什么小人们计算出来格列佛需要的口粮量要足够供养1728个小人。

现在，我们也就能明白为什么格列佛需要那么多的厨师了。一个小人厨师做出的饭够6个小人吃，那么为1728个人做饭就需300个厨师。其他人要负责把食物送到像格列佛一样高的桌子上，这个高度也很容易算出来，相当于小人国三层楼房那么高。

11.6　300个裁缝

【题】"小人国派来300名裁缝，他们受命按照当地服装样式为我缝制一件外套。"

这个人的身高不过是小人们身高的12倍，用得上派这么一支裁缝军队来为他一个人做一件外套吗？

【解】格列佛身体的表面积不是小人身体的表面积的12倍，而是 $12 \times 12 = 144$ 倍。如果我们这么想，假设小人身体表面积的每一平方英寸都对应着格列佛身体表面积的每一平方英尺，而每一平方英尺就等于144平方英寸，一切就都很明白了。这样的话给格列佛做衣服用的呢子就应是一个小人需要的144倍，相应的缝制的时间也是144倍。如果一个裁缝可以用两天的时间缝一件外套，那么为了在一天时间内缝制144件外套（即为格列佛缝制一件外套），需要的裁缝人数恰好就是300人左右。

11.7 巨大的苹果和坚果 ///////////////////////////////

【题】"有一次，"《格列佛巨人国游记》中写道，"王宫的矮子带我们到花园里玩。当我正好走在一棵苹果树下边的时候，这个矮子抓住机会，就在我头顶上摇起树来，硕大的苹果，每一个都有一个大酒桶那么大，噼里啪啦地掉了下来，一个苹果打到了我的背，把我打倒在地……"

"还有一次，一个调皮捣蛋的中学生朝着我的头扔了一个坚果，差点打到我，他扔得那么有力，要是打到我，肯定会打碎我的骨头，因为这个坚果足足有我们的南瓜那么大。"

在你看来，巨人国里的苹果和坚果能有多重呢？

【解】我们很容易算出，我们周围的苹果一般重约100克，而在巨人国，因为所有的东西都是我们的1728倍，这样算来，他们的苹果会就重达173千克[①]。这样的苹果从树上掉下来打在人的背上，恐怕所有人都难逃一死。格列佛受如此重击之后，竟然没有大碍，有些太言过其实了。

如果把我们世界中的核桃重量计为2克，那么巨人国里的核桃就有

---

① 半千克重的安东诺夫卡苹果（这么重的苹果是存在的）在巨人国会重达864千克的。

3~4千克重，直径会有10厘米。像扔一个核桃那样将一个3千克的重物扔出来，毫无疑问会把一个正常身高的人的头打烂的。在书的另一处，格列佛还写道，在巨人国普通的冰雹能将他打倒在地，"冰雹狠狠地打在我的背上、肋部，打在整个全身上，就好像打来一阵网球似的"。这样的描述也是没有问题的，因为在巨人国每个冰雹都应该有1000多克重。

11.8　巨人的戒指

【题】据格列佛讲，他从巨人国带出来的物品中有一个金戒指，是王后本人送给他的："她仁慈地从她的小指头上把戒指取下来，然后套在我的头上，就像一个项圈一样。"

即使是巨人的戒指，对格列佛来说有可能就像一个项圈一样吗？这个项圈应该会有多重呢？

【解】一个身材正常的人的小手指的直径大约有$1\frac{1}{2}$厘米。乘上12得到巨人的手指直径为$1\frac{1}{2} \times 12 = 18$厘米。由此可得这样一个戒指的周长为$18 \times 3.14 \approx 56$厘米。

一个正常大小的头完全可以伸进这样一个戒指里的（这很容易就可以证实，只需要用一段绳子量一下头部最宽处的周长就行了）。

至于这个戒指的重量我们可以这样算：如果我们一般的一枚戒指的重量是5克，那么巨人的这枚戒指就应该有$8\frac{1}{2}$千克重。

11.9　巨人的书

【题】关于巨人们的书，格列佛作了下列详细描述：

"我可以自由地在图书馆借书阅读。可是为了让我读书，要建造一套设备才行。木匠为我造了一个木梯子，这个梯子可以移动。木梯子有25英尺高，每一层踏板有50英寸长。当我想读书的时候，他们就把我的梯子架好，让梯子离墙有10英尺远，踏板对着墙，而书则被打开，靠着墙壁。我先爬到梯子的最高层，从一页书的顶端开始读，按照书上字行的长度，左右走动大约8~9步。我不断地往下读，我的视线越来越低，这样我就需要逐渐地走到第二层踏板上，然后到第三层踏板，直到最底层。接着我再爬上最高层，按照同样的办法读下一页。我可以用双手很轻松地翻动书页，因为他们的书像我们的厚纸板一样又厚又硬，最大开本的书的书页长度也不会超过18~20英尺。"

所有这些描述彼此符合吗？

【解】如果以现代书的一般尺寸（长25厘米，12厘米宽）为例，格列佛对他看的巨人的书的描写有些夸张了。要想读一本长不到3米，宽$1\frac{1}{2}$米的书，是不必用梯子的，也没有必要从右到左走8~10步。但是在18世纪初的时候，普通尺寸的书（对开本的大书）要比现代的书大得多。例如彼得一世时代出版的马格尼茨基的《算术》，就是一本大的对开本书，长约30厘米，宽约20厘米。如果是供巨人阅读的书，就应当把这本书放大12倍，这本书的尺寸就变大了：长360厘米（约4米），宽240厘米（2.4米）。读一本4米高度的书没有梯子是不行的。

但是就是这样一本不是很大的对开本书，放大1728倍，也足有3吨重。假设这本书有500页，那么巨人书每页的重量大约是6千克，应当说，这个重量对于一般人来说还是挺重的。

11.10 巨人的衣领 //////////////////////////////////

【题】这个系列的最后一题，我们不再直接引用格列佛对自己冒险经历的描述了。

你可能还不知道，衣领的尺寸并不是指什么别的，就是指我们脖子的周长。如果你脖子的周长是38厘米，那么你适合穿的衣领的尺寸就是38号。如果比这个号小，领子就会紧；如果号比这个大，就显得松。成年人脖子的平均周长是40厘米。

如果格列佛想要在伦敦给巨人国的巨人们定做一批衣领，那么他应该定多大的号呢？

【解】巨人的脖子的周长是普通人的脖子周长的12倍，所以巨人衣领的长度也就是普通人的衣领长度的12倍。假设一个普通人的衣领尺寸是40号，那么对巨人来说，他的衣领就要40×12＝480号的。

我们可以发现，作者斯威夫特在《格列佛游记》中叙述的离奇数据都是经过精心计算的。他在文中对所有物体的描述都是完全符合几何学原理的[①]。

---

① 并不是根据力学的原理——从这个角度可以对斯威夫特提出一些有力批评（请见我的著作《趣味力学》）。

Chapter

12

第十二章

数字难题

12.1　7个数字

【题】 依次写下从1到7共7个数字：1、2、3、4、5、6、7。使用加号和减号很容易将它们连接起来，并使结果为40：

$$12+34-5+6-7=40。$$

试着将这7个数字组合起来，使其结果不是40，而是55。

【解】 这个问题不止有一个答案，而是有3个：

$$123+4-5-67=55；$$
$$1-2-3-4+56+7=55；$$
$$12-3+45-6+7=55。$$

12.2　9个数字

【题】 依次写下9个数字：1、2、3、4、5、6、7、8、9。

你可以不改变这9个数字的顺序，只是在它们之间添上加号和减号，使最后结果为100吗？

这个不难，例如，在9个数字间加上6个加号和减号就可以得到100：

$$12+3-4+5+67+8+9=100。$$

如果在这9个数字之间加上4个加号和减号，也可以得到100：

$$123+4-5+67-89=100。$$

试一下，就用3个加号和减号，怎么使结果为100。

这要难得多。但是还是可能的，只不过需要耐心思考。

【解】 如下列方法可以用9个数字，通过3次加减法得到数字100的结果：

$$123-45-67+89=100。$$

这是唯一的答案。其他任何方法，把这9个数字用3次加减法都不可能得到100这个答案。

只用加法，而且运算少于3次，也不可能得到这个结果。

12.3 用10个数字 ///////////////////////////////////

【题】如何用0～9这10个数字得到100。你可以想出多少个方法?

请你至少想出4个方法。

【解】下列是4种解法:

$$70+24\frac{9}{18}+5\frac{3}{6}=100;$$

$$80\frac{27}{54}+19\frac{3}{6}=100;$$

$$87+9\frac{4}{5}+3\frac{12}{60}=100;$$

$$50\frac{1}{2}+49\frac{38}{76}=100。$$

12.4 "1" //////////////////////////////////////

【题】如何用0～9这10个数字得到1?

【解】应该把1用两个分数来表示

$$\frac{148}{296}+\frac{35}{70}=1。$$

熟知代数的人还会给出其他的答案:

因为任何数字的零次方都等于1,所以还有123456789^0;234567^{9-8-1}等答案。

12.5 5个2 ///////////////////////////////////

【题】使用5个2和所有的数学符号。你要想办法如何用上全部的5个2和任意的数学符号得到下列数字:15、11、12321。

【解】可以由下列方法得到数字15:

$$(2+2)^2-\frac{2}{2}=15;$$

$$(2\times2)^2-\frac{2}{2}=15;$$

$$2^{(2+2)} + \frac{2}{2} = 15;$$

$$\frac{22}{2} + 2 \times 2 = 15;$$

$$\frac{22}{2} + 2^2 = 15;$$

$$\frac{22}{2} + 2 + 2 = 15。$$

数字11：

$$\frac{22}{2} + 2 - 2 = 11。$$

数字12321。开始觉得用5个相同的数字是不可能得到这样一个五位数的。但是这个问题还是有解的。下面就是解法：

$$\left(\frac{222}{2}\right)^2 = 111^2 = 111 \times 111 = 12321。$$

12.6 还是5个2

【题】可以用这5个2得到数字28吗？

【解】$22 + 2 + 2 + 2 = 28$。

12.7 4个2

【题】这个题比上面的题目都要难。用4个2如何得到111。这可能吗？

【解】$\frac{222}{2} = 111$。

12.8 5个3

【题】你想必是知道使用如下方法，可以用5个3和数学符号得到100：

$$33 \times 3 + \frac{3}{3} = 100。$$

那么可以用5个3得到10吗？你是怎么想的？

【解】这个题这样解答：

$$\frac{33}{3}-\frac{3}{3}=10。$$

如果这个题不是要求用5个3，而是5个1、5个4、5个7、5个9，不管是什么5个相同的数字，都可以用这个方法得到数字10，这真是好极了：

$$\frac{11}{1}-\frac{1}{1}=\frac{22}{2}-\frac{2}{2}=\frac{44}{4}-\frac{4}{4}=\frac{99}{9}-\frac{9}{9}等等。$$

这道题还有别的解法：

$$\frac{3\times3\times3+3}{3}=10，$$

$$3+3+3+\frac{3}{3}=10。$$

12.9 数字37 ///

【题】用类似的方法，怎么用5个3和数学符号得到数字37?

【解】答案有两个：

$$33+3+\frac{3}{3}=37；$$

$$\frac{333}{3\times3}=37。$$

12.10 用四种不同的方法 ////////////////////////////////

【题】用5个相同的数字如何得到100，请想出4种不同的方法。

【解】用5个1、5个3都能得到数字100，用5个5得到100更简单：

$$111-11=100；$$

$$33\times3+\frac{3}{3}=100；$$

$$5\times5\times5-5\times5=100；$$

$$（5+5+5+5）\times5=100。$$

12.11 4个3 ///

【题】使用4个3非常容易就能得到12：

$$12 = 3 + 3 + 3 + 3。$$

用4个3得到数字15和18稍微难点：

$$15 = （3 + 3）+ （3 \times 3）；$$
$$18 = （3 \times 3）+ （3 \times 3）。$$

如果同样只有4个3，让你得到数字5，恐怕你不能马上想出方法$5 = \dfrac{3 + 3}{3} + 3$。

请你找到用4个3得到数字1、2、3、4、5、6、7、8、9、10的方法，简单地说就是说数字1到10（如何得到数字5的方法已经给出了）。

【解】$1 = \dfrac{33}{33}$（还有其他的方法）

$$2 = \dfrac{3}{3} + \dfrac{3}{3}；$$
$$3 = \dfrac{3 + 3 + 3}{3}；$$
$$4 = \dfrac{3 \times 3 + 3}{3}；$$
$$6 = \dfrac{（3 + 3）\times 3}{3}。$$

我们这里只给出了数字6以下的答案。其他的请你自己想出解法来吧。当然已给出的这几个数字的解法也不是唯一的。

12.12 4个4 ///////////////////////////////////

【题】如果你算出了上一题并且还对这种难题感兴趣，那么请你再试着用4个4得到数字1到10，这个题比上面"4个3"那道题一点都不难。

【解】$1 = \dfrac{44}{44}$，或$\dfrac{4 + 4}{4 + 4}$，或$\dfrac{4 \times 4}{4 \times 4}$等等；

$2 = \dfrac{4}{4} + \dfrac{4}{4}$，或$\dfrac{4 \times 4}{4 + 4}$；

$3 = \dfrac{4 + 4 + 4}{4}$，或$\dfrac{4 \times 4 - 4}{4}$；

$4 = 4 + 4 \times （4 - 4）；$

$5 = \dfrac{4 \times 4 + 4}{4}；$

$$6 = \frac{4+4}{4} + 4;$$

$$7 = 4+4-\frac{4}{4}, \text{ 或 } \frac{44}{4} - 4;$$

$$8 = 4+4+4-4, \text{ 或 } 4 \times 4 - 4 - 4;$$

$$9 = 4+4+\frac{4}{4};$$

$$10 = \frac{44-4}{4}。$$

12.13　4个5

【题】怎么把4个5用数学符号连接起来，使结果为16?

【解】只有一个解法。

$$\frac{55}{5} + 5 = 16。$$

12.14　5个9

【题】请用5个9得到数字10，至少使用两种方法。

【解】下面是两种解法：

$$9 + \frac{9}{9}^{\frac{9}{9}} = 10;$$

$$\frac{99}{9} - \frac{9}{9} = 10。$$

会代数的人还会找到另外几种解法，例如：

$$\left(9 + \frac{9}{9}\right)^{\frac{9}{9}} = 10,$$

$$9 + 99^{9-9} = 10。$$

12.15　"24"

【题】用3个8非常容易就能得到24：8＋8＋8。那么你能够用其他三个一样的数字，而不是3个8得到24吗? 这道题有不止一个解。

【解】 下面是两种解法：

$$22+2=24;$$

$$3^3-3=24。$$

12.16 "30"

【题】 用3个5很容易就能得到数字30：$5\times5+5$。用其他3个一样的数字得到30就有些难了。试一下吧，可能你会找到好几种解法的。

【解】 我们找到了三种解法：

$$6\times6-6=30;$$

$$3^3+3=30;$$

$$33-3=30。$$

12.17 "1000"

【题】 你能用8个相同的数字得到数字1000吗？当然你除了使用数字之外，还可以用数学符号。

【解】 $888+88+8+8+8=1000$。

12.18 怎么得到20?

【题】 你可以看到下面列出了3个数字：

$$1 \quad 1 \quad 1$$

$$7 \quad 7 \quad 7$$

$$9 \quad 9 \quad 9$$

你可以从它们中删除6个数字，使剩下的数字相加和为20。

你能做到吗?

【解】应该这么删（用0代替被删除的数字）：

$$0 \quad 1 \quad 1$$
$$0 \quad 0 \quad 0$$
$$0 \quad 0 \quad 9$$

因此，11＋9＝20。

12.19　删掉9个数字

【题】下面这个柱形是由5行奇数组成的：

$$1 \quad 1 \quad 1$$
$$3 \quad 3 \quad 3$$
$$5 \quad 5 \quad 5$$
$$7 \quad 7 \quad 7$$
$$9 \quad 9 \quad 9$$

问题是如何删掉9个数字，只留下6个数字，而五行相加的结果为1111。

【解】这个问题有好几个答案。下面列出4个答案，用0代替被删掉的数字：

100	111	011	101
000	030	330	303
005	000	000	000
007	070	770	707
999	900	000	000
1111	1111	1111	1111

12.20　镜子里的数字

【题】19世纪哪一年的年份，你在镜子里看的时候，这个年数会变成原来的 $4\dfrac{1}{2}$ 倍？

【解】 在镜子中不改变的数字有1、0和8。由此可知，被反射的年份一定是由这3个数字组成的。除此之外，我们知道这是19世纪的某一年，也就是说开始的两个数字是18。

现在就很容易想出来这个年份是哪一年了：1818年。这个年份在镜子中就是8181年，它正好是1818的$4\frac{1}{2}$倍：

$$1818 \times 4\frac{1}{2} = 8181。$$

这道题没有别的答案。

12.21 哪一年？

【题】 20世纪的哪一年具有以下特征：将其垂直翻转之后，再按倒叙读出来，这一年仍然不会发生变化？

【解】 在20世纪只有一年是符合的：1961年。

12.22 哪两个数？

【题】 哪两个整数相乘会得到7？不要忘了，这个两个数都是整数，所以像$3\frac{1}{2} \times 2$或$2\frac{1}{3} \times 3$这样的答案都是不正确的。

【解】 答案很简单：1和7。没有其他答案了。

12.23 加和乘

【题】 有哪两个整数相加的和会比它们相乘的积大？

【解】 这样的数字要多少有多少：

$$3 \times 1 = 3；\quad 3 + 1 = 4；$$
$$10 \times 1 = 10；\quad 10 + 1 = 11；$$

答案里两个数字中有一个肯定是1。

这是因为，加上1后，数字会变大，而乘以1，数字大小不变。

12.24　一样大 ///

【题】哪两个整数的和与积一样大？

【解】这两个数字是2和2。其他任何一对数字都没有这个特征。

12.25　既是质数，也是偶数 //////////////////////////////////

【题】当然，你知道什么叫质数：那些只能被本身整除的自然数。其他的数都叫做合数（1和0既非质数也非合数）。

请你思考一下：所有的偶数都是合数吗，或者说存在一个数既是质数，也是偶数吗？

【解】只有一个数字：2。2既是质数，也是偶数，它只能被它本身和1整除。

12.26　3个数 ///

【题】哪3个整数的和同它们的乘积相等？

【解】数字1、2和3相加的和等于相乘的积：

$$1+2+3=6；$$
$$1\times2\times3=6。$$

12.27　和与积 ///

【题】毫无疑问，你已经开始注意到等式的一些有意思的特点了：

$$2+2=4；$$
$$2\times2=4。$$

这是唯一几个例子，两个相等的整数的和与积相等。

你可能还不知道，也存在两个不相等的数，它们的和与积也是相等的。

请你找出几个这样的例子。为了让你相信这不是白费工夫，我可以跟你说：这样的数还有很多，只不过这两个数不一定是整数。

【解】这样的成对数字有很多很多。下面举出几个例子：

$3+1\frac{1}{2}=4\frac{1}{2}$，$\qquad$ $3\times 1\frac{1}{2}=4\frac{1}{2}$，

$5+1\frac{1}{4}=6\frac{1}{4}$，$\qquad$ $5\times 1\frac{1}{4}=6\frac{1}{4}$，

$9+1\frac{1}{8}=10\frac{1}{8}$，$\qquad$ $9\times 1\frac{1}{8}=10\frac{1}{8}$，

$11+1.1=12.1$，$\qquad$ $11\times 1.1=12.1$，

$21+1\frac{1}{20}=22\frac{1}{20}$，$\qquad$ $22\times 1\frac{1}{20}=22\frac{1}{20}$，

$101+1.01=102.01$，$\qquad$ $101\times 1.01=102.01$，等等。

12.28　积与商 ///

【题】有哪两个整数，其中较大的整数除以较小的整数所得的商和这两个数的积相等？

【解】这样的数字有很多。例如：

$2\div 1=2$，$\qquad$ $2\times 1=2$，

$7\div 1=7$，$\qquad$ $7\times 1=7$，

$43\div 1=43$，$\qquad$ $43\times 1=43$。

12.29　两位数 ///

【题】哪个两位数除以个位和十位数字的和，得到的商仍为这两个数字之和？

【解】由题目可知未知数一定是个可以完全开方的数字。因为两位数中可以完全开方的数字一共才有6个，通过试验，很容易就能找到

答案——81：

$$\frac{81}{8+1}=8+1。$$

12.30 大10倍 ///////////////////////////////////////

【题】数字12和60有个非常有意思的特点：这两个数字的积是它们之间和的10倍：

$$12 \times 60 = 720，12 + 60 = 72。$$

请你再找出一对有这个特点的数字来。如果幸运的话，可能会找出好几对这样的数字。

【解】下面4对数字满足题目的所有条件：

11和110，14和35，15和30，20和20。

事实上：

$11 \times 110 = 1210$；	$11 + 110 = 121$；
$14 \times 35 = 490$；	$14 + 35 = 49$；
$15 \times 30 = 450$；	$15 + 30 = 45$；
$20 \times 20 = 400$；	$20 + 20 = 40$。

这道题再没有别的答案了。大海捞针似的寻找答案非常费劲。有点代数的初步知识解这道题就简单多了，利用代数的方法可以找到所有答案，并让我确信没有第5个答案了。

12.31 两个数字 ///////////////////////////////////////

【题】用两个数字能表示的最小正整数是多少？

【解】可以用两个数字得到的最小整数，不是想当然的10，有些读者恐怕想到了答案，而是1，可以用下面的方法得到：

$\frac{1}{1}$、$\frac{2}{2}$、$\frac{3}{3}$、$\frac{4}{4}$等等至$\frac{9}{9}$。

懂代数的人还有用另一种方法：

1^0、2^0、3^0、4^0等等至9^0，因为所有数字的零次方都等于1[①]。

12.32　最大数

【题】用4个1你能写出的最大数是多少？

【解】通常人们对这个问题给出的答案是1111。但这远不是最大的。最大数要远远大得多，大2500万倍大，这个数字是：11^{11}。

虽然这个数只是由4个数字组成的，如果算一下的话，这个数字是2850亿。

12.33　不一般的分数

【题】观察一下小数$\dfrac{6729}{13485}$。在这个小数中一下子使用了所有9个有效数字，而这个分数很容易验证，等于$\dfrac{1}{2}$。

你能用9个有效数字表示下列的小数吗：$\dfrac{1}{3}$、$\dfrac{1}{4}$、$\dfrac{1}{5}$、$\dfrac{1}{6}$、$\dfrac{1}{7}$、$\dfrac{1}{8}$、$\dfrac{1}{9}$？

【解】这个题有好几个解。其中之一：

$$\frac{1}{3}=\frac{5823}{17469}；$$

$$\frac{1}{4}=\frac{3924}{15768}；$$

$$\frac{1}{5}=\frac{2697}{13485}；$$

$$\frac{1}{6}=\frac{2943}{17658}；$$

$$\frac{1}{7}=\frac{2394}{16758}；$$

---

① 如果认为$\dfrac{0}{0}$或0^0也是答案之一就错了，因为这两个式子本身都是没有意义的。

$$\frac{1}{8} = \frac{3187}{25496};$$

$$\frac{1}{9} = \frac{6381}{57429}。$$

答案有很多，特别是$\frac{1}{8}$有超过40个的答案。

12.34 乘数是多少?

【题】一个小学生在黑板上做了一道乘法习题后，他就把题的一大部分数字都擦掉了，因此我们只能看清楚第一排的数字和最后一排数字中的两个数，而其他的数字都只剩了个痕迹。写下来就是这样的：

```
          2 3 5
    ×       * *
    ─────────────
        * * * *
  + * * * *
  ─────────────
    * * 5 6 *
```

你能把题中的小学生计算时的乘数重新写出来吗?

【解】这样推理。数字6是由式子中两个数字相加得到的，而下面的那个数字只能是0或5。如果下面的数字是0的话，那么上面的数字就是6，那么上面那个数字可能是6吗? 我们可以试验一下。可得，不管乘数的第二个数字是多少，运算第一步得到的那个位置上的数字都不可能是6。因此，倒数第二个数的最后一位数字应该是5，那么它正上面的数字就是1了。现在再重新写出这个几个神秘数字就容易多了。

```
          2 3 5
    ×       * *
    ─────────────
      * * 1 *
  + * * * 5
  ─────────────
    * * 5 6 *
```

乘数的最后一个数字应该大于4，否则的话运算的第一个数字就不会是个四位数了。这个数也不可能是5（相应的位置上得不到1）。而6则满足条件：

```
          2 3 5
     ×      * 6
     ─────────────
          1 4 1 0
     +  * * * 5
     ─────────────
        * * 5 6 0
```

按此继续推理，可得这个乘数是96。

12.35 残缺不全的数字 ////////////////////////////

【题】在这个乘法例子中，有一大半的数字都被星号代替了：

```
            * 1 *
     ×      3 * 2
     ─────────────
            * 3 *
          3 * 2 *
     +  * 2 * 5
     ─────────────
      1 * 8 * 3 0
```

你能把这些残缺不全的数字重新写出来吗？

【解】如果采用下列的推理方法，就可以将这些残缺不全的数字逐渐复原。为了方便，将各个行编上序号：

```
            * 1 *············①
     ×      3 * 2············②
     ─────────────
            * 3 *············③
          3 * 2 *  ············④
     +  * 2 * 5············⑤
     ─────────────
      1 * 8 * 3 0············⑥
```

根据第⑥行的最后一个数字是0，我们轻松可以断定第③行最后一颗星是数字0。

现在来确定一下第①行最后一颗星是什么数字：这数字乘以2，得到一个以0结尾的数字，乘以3，得到一个以5结尾的数字（第⑤行）。那么这个数字只能是5。

不难算出第②行的那颗星是数字8，因为只有数字8和15相乘的积才以20结尾（第④行）。

最后，第①行第一星是数字4。因为数字4乘以8，得到的结果的头一个数字才是3（第④行）。

现在推算出其他的数字是毫不费力了：

第一行和第二行的数字都知道了，只要相乘就行了。

最后相乘的结果如下：

$$
\begin{array}{r}
4\ 1\ 5 \\
\times\ \ \ 3\ 8\ 2 \\
\hline
8\ 3\ 0 \\
3\ 3\ 2\ 0 \\
+\ 1\ 2\ 4\ 5 \\
\hline
1\ 5\ 8\ 5\ 3\ 0
\end{array}
$$

12.36　哪些数字？ ///

【题】还是一道这样类型的题目。把例子中的被乘数和乘数都重新写出来：

$$
\begin{array}{r}
*\ *\ 5 \\
\times\ \ \ 1\ *\ * \\
\hline
2\ *\ *\ 5 \\
1\ 3\ *\ 0 \\
+\ *\ *\ * \\
\hline
4\ *\ 7\ 7\ *
\end{array}
$$

【解】使用前面的类型方法同样也可以求出这道题中所有星星代表的数字。

得到：

$$
\begin{array}{r}
325 \\
\times\ \underline{\quad 147} \\
2275 \\
1300 \\
+\ \underline{325} \\
47775
\end{array}
$$

12.37　乘法中的奇怪现象 ////////////////////////

【题】请看下面两个数相乘产生的有趣现象：

$$48 \times 159 = 7632。$$

它的有趣之处在于，这个乘法中一下子用到了所有9个有效数字。

你还可以找到这样的例子吗？如果这样的情况还有，这样的例子还有多少？

【解】有耐心的读者可能会把全部9个具有这个现象的乘法式子都找到。如下：

$$12 \times 483 = 5796，$$
$$42 \times 138 = 5796，$$
$$18 \times 297 = 5346，$$
$$27 \times 198 = 5346，$$
$$39 \times 186 = 7254，$$
$$48 \times 159 = 7632，$$
$$28 \times 157 = 4396，$$
$$4 \times 1738 = 6952，$$
$$4 \times 1963 = 7852。$$

12.38　神秘的商 ////////////////////////

【题】下面写的式子不是别的，就是一道多位数除法题，只是题目中所有的数字都被用小黑点代替了：

式子中的被除数和除数都是未知的，只是知道倒数第二个数字是7，求商。

所有的数字都是按照十进制计数法写的。

这个问题只有一个解。

【解】为了方便，将由小黑点构成的各行编号。

观察第②行，因为连续从被除数上下移了两个数字，所以可以推论，商的第二个数字是0。假设除数为x。根据第④行和第⑤行可知，$7x$的被减数（商的倒数第二个数字和除数的乘积）最大不过999，最小不小于100。可知，$7x$的最大值应该小于$999-100=899$，由此可得，x不大于128。进一步，可知第③行的数字值超过900，因为第②行的四位数减去第③行的数字后变成了两位数。这样的话，商的第三个数字应该为比（$900\div128\approx7.03$）大的数字，即是8或者9。因为第①和第⑦行的数字为四位数，所以商的第三个数字为8，最后一位数字是9。

这道题就此解出了，因为我们已得出了未知数的商：90879。

没有必要继续求被除数和除数。问题只是求商而已。问题并没有要求把所有数字都求出来。数字同黑点相匹配，并且商的第四个数字为7的被除数和除数共有11对。

下面就是所有这些数字：

$$10360206 \div 114$$

$$10451085 \div 115$$

$$10541964 \div 116$$

$$10632843 \div 117$$

$$10723722 \div 118$$

$$10814601 \div 119 \bigg) = 90\,879$$

$$10905480 \div 120$$

$$10996359 \div 121$$

$$11087238 \div 122$$

$$11178117 \div 123$$

$$11268996 \div 124$$

所有的商均为90879。

12.39　多少除以多少？

【题】还原这个除法式子中的所有数字：

```
             1 * *
  3 2 5 ) * 2 * 5 *
           * * *
           * 0 * *
           * 9 * *
               * 5 *
               * 5 *
                   0
```

【解】 下面就是这道除法中所有的未知数：

```
             1 6 2
  3 2 5 ) 5 2 6 5 0
           3 2 5
           2 0 1 5 0
           1 9 5 0
               6 5 0
               6 5 0
                   0
```

12.40 被11除尽 //

【题】 一个9位数，这个数是由9个不同数字写成的，而且这个数字可以被11整除。

写出这个9位数的最大可能值和最小可能值。

【解】 要想解出这道题，需要知道能被11整除的数字的一个标志。如果一个数字，其各偶数位置上的数字之和同各奇数位置上的数字之和的差等于0或者可以被11整除，那么这个数字就可以被11整除。

举出数字23658904为例。

各偶数位置上的数字和为：

$$3+5+9+4=21；$$

各奇数位置上的数字和为：

$$2+6+8+0=16。$$

它们之间的差等于（应当用大数减去较小的数）：

$$21-16=5。$$

这个差不能被11整除，也就表明，这个数字不能被11整除。

以另外一个数字7344535为例。

$$3+4+3=10；$$

$$7+4+5+5=21；$$

$$21-10=11。$$

因为差11可以被11整除，所以这个数字可以被11整除。现在我们就很容易用9个数字写出既是11的倍数，又满足题目要求的数字了。

举例：352049786。

验证：

$$3+2+4+7+6=22，$$

$$5+0+9+8=22。$$

差为22－22＝0，也就表明我们写出的这个数字是11的倍数。

最大的11的倍数的九位数是：987652413。

最小的11的倍数的九位数是：102347586。

12.41 数字三角 //

【题】在这个三角形（图47）的圆圈内写下数字1~9，使每个边上的数字和为20。

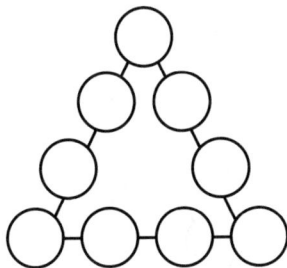

图47

【解】答案如图48所示。每个边中间的两个数字都可以互换位置，这样还可以得到其他的答案了。

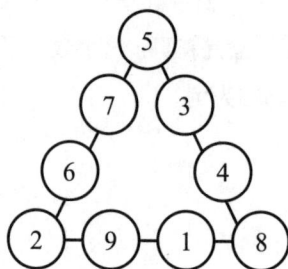
图48

12.42 另一个数字三角

【题】在同样的三角形（图49）的圆圈中填上数字1~9，使每个边上的数字和为17。

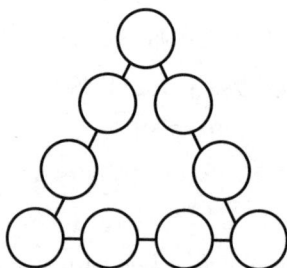
图49

【解】答案如图50所示。每边中间的两个数字都可以互换位置，这样还能得到其他的答案。

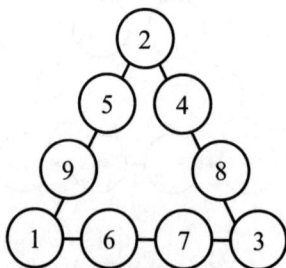
图50

12.43　八角星形

【题】将数字1~16填入八角星图形中各条线的交点的位置，如图51所示，使每个正方形各边上的数字和为34，同时也要使每个正方形四个角上的数字和为34。

【解】答案如图52所示。

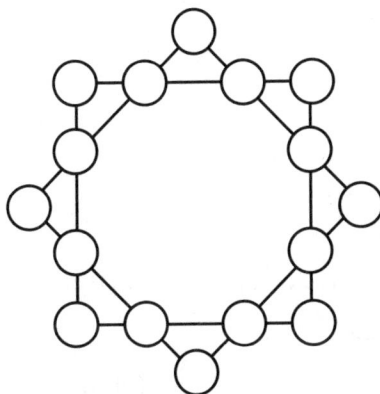

图51

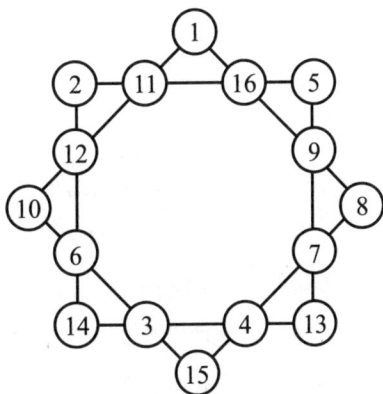

图52

12.44　魔法星

【题】图53中所示的六角星，有一个神奇的特点，就是它6条边上的数字和是相等的：

$4+6+7+9=26,$

$4+8+12+2=26,$

$9+5+10+2=26,$

$11+6+8+1=26,$

$11+7+5+3=26,$

$1+12+10+3=26。$

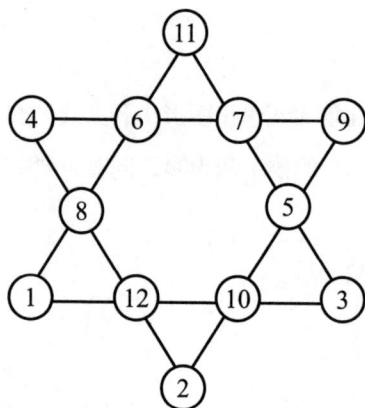

图53

但是位于6个角的数字和却是：

$$4+11+9+3+2+1=30。$$

你能够把这个魔法星完善一下吗，以使不仅每条线上的圆圈中的数字和相等（26），也使各个角的数字和为26。

【解】为了简化寻找到正确填写数字的方法，可按照下面的方法进行。

因为这个星星所有角上的数字和为26，整个星星上所有的数字和为78，所以内部六角星上的数字和为78−26＝52。

现在让我们来看其中任意的一个大三角形。因为三角形每条边上数字的和为26，所以将3条边上的数字相加我们可以得到：$26 \times 3＝78$，同时每一个在角上的数字都被加了两次。因为三角形内部3对数字（也就是内部六角星上的数字）的和为52，所以三个角上的数字和的两倍等于78−52＝26，得出三个角上的数字和为13。

这样的话我们搜索的范围就极大地缩小了。例如，我们可以知道三角形顶端的数字既不能是11，也不能是12（请你说说为什么呢？）。所以可以从10开始试验，而且可以迅速确定哪两个数字会在三角形另外两个角上：1和2。

以同样的方式继续往下进行，我们最终可以按要求安排好数字。如图54所示。

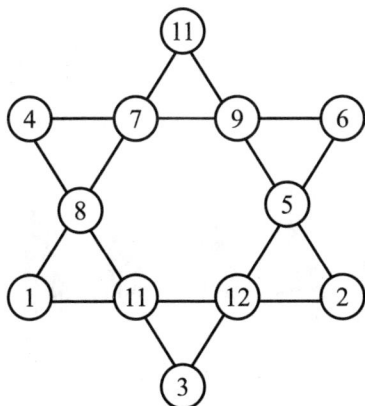

图54

12.45　数字轮

【题】 把数字1~9填到图55中的圆圈内，一个数字位于圆心，其他数字位于每条直径的末端，要使每条直径上的3个数字的和都为15。

【解】 答案如图56所示。

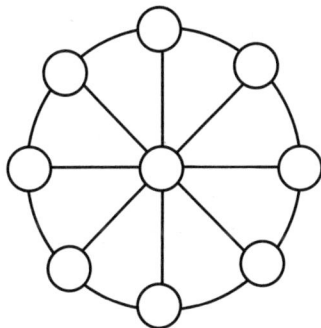

图55

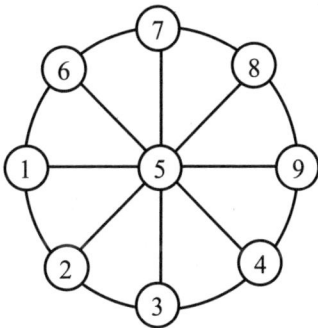

图56

12.46　三齿叉

【题】 把1~13这13个数字填入到图57中的小方框中，使每个垂直数列①、②、③中的数字和同水平数列 ④ 中的数字和相等。

试着解一解吧。

【解】图58中的数字的分布符合题目的要求。每个数列中的数字和都是25。

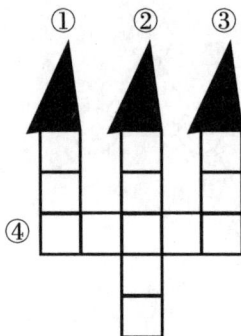

图57

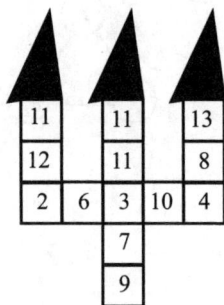

图58

13

Chapter

第十三章

你会数数吗？

13.1 你会数数吗？ ///////////////////////////////

恐怕三岁小孩都会对这个问题嗤之以鼻的。谁不会数数？谁都能依次数出"1"、"2"、"3"，没什么了不起的。可是，我还是相信，你不是总能把数数这个简单问题解决好的。把一个盒子里的钉子数清楚很容易。但是如果盒子里不单单有钉子，还混有一些螺丝，需要把钉子和螺丝的数目分别数清楚。你会怎么数呢？把钉子和螺丝分成两堆后再开始分别数数？

当家庭主妇要洗衣服的时候，她也会面临这样的问题。她可以按衣服种类不同，把衣服分类：

衬衫放一堆，毛巾放一堆，枕套再放一堆，一直把所有的衣服都分堆放好。等她把这项枯燥的工作做完后，她才能开始数每堆有多少件。

这就叫做不会数数！因为用这种方法数不一样的东西很是不方便，而且很麻烦，有时候这种方法也根本行不通。如果你只是数钉子或衣服还好，把它们分成堆就能数了。但是如果你是个林业学家，你必须要数出在同一公顷土地上生长着多少棵松树，多少棵冷杉，多少棵白桦树和白杨。这个时候你是不可能把树木按照种类事先分组了。那你怎么办，难道是开始数多少棵松树，然后数多少棵冷杉，再数多少棵白桦树，最后数多少棵白杨？准备在这块地上走四趟吗？

难道不能有在地里走上一遍就可以了的简便方法吗？有，这种方法是有的，林业工作者从很久之前就开始用这种方法了。让我们以钉子和螺丝为例，给大家讲一下这种方法。

为了能一次性地数清楚盒子里有多少个钉子和螺丝，而不用事先将它们分开。请按照下面这个例子，用铅笔在一张纸上画一个表格：

钉子数	螺丝数

然后开始数。先随手从盒子中拿出一个东西，如果是个钉子，就在钉子那一栏里画上一个小横杠，如果是个螺丝就在螺丝那栏里画上一个小横

杠。再拿出第二个东西，按照同样的方法做。取出第三个东西，直到把盒子拿空为止。最后再数一下表格中钉子那一栏里有多少个小横杠，就代表盒子里有多少个钉子，再数一数螺丝那栏里画了多少个小横杠，就代表盒子里有多少个螺丝。所以剩下的工作就是数数纸上的小横杠。

可以使用一种方法加快数小横杠的速度，让这个方法更简单。不把小横杠一个接一个地简单地画在那，而是将5个小横杠拼成一个图形，图形如图59所示。

图59

最好将这些小方块成对分组，就是在画第11个小横杠的时候，另起一列开始画，当第2列画了两个小方块之后，就开始在第3列上画，等等。小横杠画的方法如图60所示。

图60

按照这种方法数起小横杠来就很容易了：我们可以看到图中3个竖列是满的，1个完整的小方块和3个小横杠，也就等于30+5+3＝38。

还可以使用另一种小方块，每个小方块代表"10"（图61）。

图61

在同一片林区计算不同品种的树木时，我们必须使用这种方法，不过此时我们的纸上不止有两栏，而是有4栏。

这里不使用竖表而是使用横表会更方便。在开始数之前，纸上应该画上这样一个表：

松树	
冷杉	
白桦	
白杨	

数完以后，纸上记录的结果大体如图62所示。

最后做一个总计就非常容易了：

松树……………………………53

冷杉……………………………79

白桦……………………………46

杨树……………………………37

当医生在使用显微镜观察血样，计算其中有多少个红细胞和白细胞的时候也会使用这种方法。

如果你有一个任务，数一数一块草地上几种植物的数量分别是多少，现在你就知道用哪种方法可以在最短的时间内完成任务了。在一张纸上事先列出要数的植物的名称，给每种植物用表格框起来，再留出相应的空闲表格，为了计算做标记用。最后你要带着一张画着像图62表示的表格一样的纸开始数数。

接下来的步骤就同在林地上数树木的过程一样了。

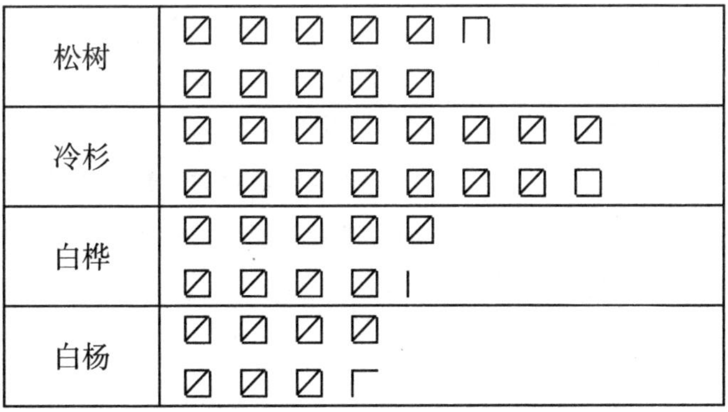

图62

13.2　为什么要数树林里的树木呢？ /////////////////

为了什么特殊目的需要在树林里数树木呢？对城市居民来说这完全是不可想象的。在托尔斯泰的小说《安娜·卡列琳娜》一书中，那位通晓农业的列文曾问过对农业一窍不通而又打算卖树林的亲戚：

"你数了有多少棵树吗？"

"怎么数啊？没有天大的本领谁也数不清地球上有多少沙子和星光的……"对方吃惊地回答道。

"嗯，的确是。但是商人里亚比宁（买树人）就有天大的本领。没有一个商人买树，不数一数树的。"

数清树林里有多少棵树是为了计算树林里有多少立方米的木材。并不是把整个树林里的树木都数一遍，而是只数一个特定范围内的树，会在一片森林中找一块四分之一公顷或半公顷的林地进行计算，而这片林地里树木的稠密程度、组成、粗细和高矮要在整个树林里处于一个平均水平。要选出这样一块林地，当然也需要有丰富的经验。在清点树木时，单单计算每个品种的树木有多少棵是不够的，还需要知道树干粗度达到每种水平的树木分别有多少棵：树干25厘米粗的多少棵，30厘米的多少棵，35厘米的多少棵等。所以在我们举的简单的例子中列出四个栏的表是不够的，这个表要复杂得多。

你可以想象一下，如果你不按照这里教授的方法，而是按照一般的方法去数数的话，你需要在林子里来回走多少趟啊。

如上文所述，只有当计算同一种东西的数目时，数数才是一种简单的事。如果需要数不同东西的数目时，则需要使用我们所举例子中使用的方法，不必怀疑，这种方法是十分奏效的。

Chapter

14

第十四章

简易心算法

这里我们收集了一些简单的、易于掌握的快速心算方法。当我们运用这些方法的时候，我们应当记住，机械的记忆并不代表你掌握了这些方法，而是要完全有意识地运用这些方法。除此之外，还需要进一步的训练。在掌握了我们推荐的方法之后，你不但可以在脑子里准确无误地进行快速计算，而且笔头计算也不会有错误了。

14.1　乘数为个位数

① 在口算乘数为个位数的乘法（例如 27×8）时，我们不要像笔算时那样从被乘数的个位数开始乘，而是从十位数开始乘（$20 \times 8 = 160$），然后才是个位数（$7 \times 8 = 56$），最后再将两个结果相加（$160 + 56 = 216$）。

其他例子：

$34 \times 7 = 30 \times 7 + 4 \times 7 = 210 + 28 = 238$，

$47 \times 6 = 40 \times 6 + 7 \times 6 = 240 + 42 = 282$。

② 记住11~19的个位数乘法表是非常有用的：

	2	3	4	5	6	7	8	9
11	22	33	44	55	66	77	88	99
12	24	36	48	60	72	84	96	108
13	26	39	52	65	78	91	104	117
14	28	42	56	70	84	98	112	126
15	30	45	60	75	90	105	120	135
16	32	48	64	80	96	112	128	144
17	34	51	68	85	102	119	136	153
18	36	54	72	90	108	126	144	162
19	38	57	76	95	114	133	152	171

记住了这个表，在做如 147×8 的乘法时，心里就可以这样算：

$147 \times 8 = 140 \times 8 + 7 \times 8 = 1120 + 56 = 1176$。

③ 在乘法中，如果其中一个数可以倍因式分解成个位数，进行这样的分解，计算会简单一些，例如：

$$225 \times 6 = 225 \times 2 \times 3 = 450 \times 3 = 1350。$$

14.2 乘数为两位数 ////////////////////////////////////

④ 尽力将乘数为两位数的乘法转变成我们熟悉的乘数为个位数的乘法，是我们口算时使用的简便方法。

当被乘数是个位数，我们就可以在心里将它放到乘数的位置上，然后按照①中方法计算，例如：

$6 \times 28 = 28 \times 6 = 120 + 48 = 168。$

⑤ 如果两个数都是两位数，就要在心里将一个数分解成十位和个位。例如：

$29 \times 12 = 29 \times 10 + 29 \times 2 = 290 + 58 = 348，$

$41 \times 16 = 41 \times 10 + 41 \times 6 = 410 + 246 = 656。$

（或$41 \times 16 = 16 \times 41 = 16 \times 40 + 16 = 640 + 16 = 656$）

把构成数字较小的数字分解成十位和个位，计算会更简单。

⑥ 如果乘数或者被乘数心算时很容易因式分解为个位数（例如$14 = 2 \times 7$），那么就利用这一点，将一个数缩小几倍，而另一个数扩大相应的倍数（对比③）。例如：

$$45 \times 14 = 90 \times 7 = 630。$$

14.3 乘数和除数为4和8 ////////////////////////////////

⑦ 当乘数为4，口算时应当将被乘数分两次乘以2。例如：

$$112 \times 4 = 224 \times 2 = 448，$$

$$335 \times 4 = 670 \times 2 = 1340。$$

⑧ 如果乘数为8，口算时要将被乘数分三次乘以2。例如：

$$217 \times 8 = 434 \times 4 = 868 \times 2 = 1736。$$

还可以更简单：

$$217 \times 8 = 200 \times 8 + 17 \times 8 = 1600 + 136 = 1736。$$

⑨ 如果除数为4，口算时则要将被除数分两次除以2。例如：

$$76 \div 4 = 38 \div 2 = 19,$$

$$236 \div 4 = 118 \div 2 = 59。$$

⑩ 当除数为8时，口算时要分三次将被除数除以2。例如：

$$464 \div 8 = 232 \div 4 = 116 \div 2 = 58,$$

$$516 \div 8 = 258 \div 2 = 129 \div 2 = 64\frac{1}{2}。$$

14.4　乘数为5和25 ////////////////////////////////

⑪ 当乘数为5，口算时要将5当做 $\frac{10}{2}$，就是在被乘数上加上一个0，再除以2。例如：

$$74 \times 5 = 740 \div 2 = 370;$$

$$243 \times 5 = 2430 \div 2 = 1215。$$

⑫ 如果口算的乘数为25，就把乘数换成 $\frac{100}{4}$，就是将被乘数除以4，再在商上加上两个0。例如：

$$72 \times 25 = \frac{72}{4} \times 100 = 1800。$$

如果被乘数不能被4整除，则：

余数是1时，在商后添上25；

余数是2时，在商后添上50；

余数是3时，在商后添上75；

这个方法的基础就是100÷4=25，200÷4=50，300÷4=75。

14.5　乘数为 $1\frac{1}{2}$、$1\frac{1}{4}$、$2\frac{1}{2}$、$\frac{3}{4}$ ////////////////////////////////

⑬ 当乘数为 $1\frac{1}{2}$，口算时只要在被乘数上加上它的一半就行了。例如：

$$34 \times 1\frac{1}{2} = 34 + 17 = 51,$$

$$23 \times 1\frac{1}{2} = 23 + 11\frac{1}{2} = 34\frac{1}{2} \text{（或34.5）。}$$

⑭ 当乘数为$1\frac{1}{4}$，口算时只要在被乘数上加上它的$\frac{1}{4}$就可以了。例如：

$$48 \times 1\frac{1}{4} = 48 + 12 = 60,$$

$$58 \times 1\frac{1}{4} = 58 + 14\frac{1}{2} = 72\frac{1}{2} \text{（或72.5）。}$$

⑮ 当乘数为$2\frac{1}{2}$，口算时先将被乘数加倍，再加上它的一半。例如：

$$18 \times 2\frac{1}{2} = 36 + 9 = 45,$$

$$39 \times 2\frac{1}{2} = 78 + 19\frac{1}{2} = 97\frac{1}{2} \text{（97.5）。}$$

另一种方法是，先将被乘数放大5倍，再除以2：

$$18 \times 2\frac{1}{2} = 90 \div 2 = 45。$$

⑯ 当乘数为$\frac{3}{4}$（也就是要求被乘数的$\frac{3}{4}$），被乘数先乘以$1\frac{1}{2}$，然后再除以2。例如：

$$30 \times \frac{3}{4} = \frac{(30+15)}{2} = 22\frac{1}{2} \text{（或22.5）。}$$

还有个方法就是从被乘数身上减去它的$\frac{1}{4}$，或者是在被乘数一半的上面再加上被乘数一半的一半。

14.6　乘数是15、125和75 ///////////////////////////////

⑰ 当乘数为15，把乘数15替换成10乘以$1\frac{1}{2}$（因为$15 = 10 \times 1\frac{1}{2}$）。例如：

$$18 \times 15 = 18 \times 1\frac{1}{2} \times 10 = 270,$$

$$45 \times 15 = 450 + 225 = 675。$$

⑱ 当乘数为125，将乘数125替换成100乘以$1\frac{1}{4}$（因为$100 \times 1\frac{1}{4} =$

125）。例如：

$$26 \times 125 = 26 \times 100 \times 1\frac{1}{4} = 2600 + 650 = 3250,$$

$$47 \times 125 = 47 \times 100 \times 1\frac{1}{4} = 4700 + \frac{4700}{4} = 4700 + 1175 = 5875。$$

⑲ 当乘数为75，将75替换成100乘以 $\frac{3}{4}$（因为 $100 \times \frac{3}{4} = 75$）

例如 $18 \times 75 = 18 \times 100 \times \frac{3}{4} = 1800 \times \frac{3}{4} = \frac{1800 + 900}{2} = 1350。$

注意：这里部分的情况使用⑥中的方法会更方便：

$$18 \times 15 = 90 \times 3 = 270,$$

$$26 \times 125 = 130 \times 25 = 3250。$$

14.7 乘数为9和11 ///////////////////////////////////

⑳ 当口算一个数乘以9，把被乘数上加一个0再减去被乘数。例如：

$$62 \times 9 = 620 - 62 = 600 - 42 = 558,$$

$$73 \times 9 = 730 - 73 = 700 - 43 = 657。$$

㉑ 当口算一个数乘以11，把被乘数上加一个0再加上被乘数。例如：

$$87 \times 11 = 870 + 87 = 957。$$

14.8 当除数为5、$1\frac{1}{2}$ 和15 ///////////////////////////////////

㉒ 当口算的除数为5的时候，将被除数乘以2后，再在结果的最后一个数字前加小数点。例如：

$$68 \div 5 = \frac{136}{10} = 13.6,$$

$$237 \div 5 = \frac{474}{10} = 47.4。$$

㉓ 当口算的除数为 $1\frac{1}{2}$ 时，将被除数乘以2后，再除以3。例如：

$$36 \div 1\frac{1}{2} = 72 \div 3 = 24,$$

$$53 \div 1\frac{1}{2} = 106 \div 3 = 35\frac{1}{3}。$$

㉔ 当口算的除数为15时，将被除数先乘以2，再除以30。例如：

$$240 \div 15 = 480 \div 30 = 48 \div 3 = 16,$$

$$462 \div 15 = 924 \div 30 = 30\frac{24}{30} = 30\frac{4}{5} = 30.8。$$

14.9 求平方 //

㉕ 要求一个以5结尾的数的平方（例如85），只需要将十位上的数字（8）乘以比它大1的数（$8 \times 9 = 72$），再在结果后面写上25（我们这个例子的答案就是7225）。其他例子：

25^2：$2 \times 3 = 6$；625。

45^2：$4 \times 5 = 20$；2025。

145^2：$14 \times 15 = 210$；21025。

这个方法是由下面这个公式得到的：

$$(10x+5)^2 = 100x^2 + 100x + 25 = 100x(x+1) + 25。$$

㉖ 这个方法也同样适用于以5结尾的小数：

$8.5^2 = 72.25$；$14.5^2 = 210.25$；

$0.35^2 = 0.1225$；以此类推。

㉗ 因为$0.5 = \frac{1}{2}$，$0.25 = \frac{1}{4}$，所以㉕中的方法同样可以求以$\frac{1}{2}$结尾的数字的平方：

$$\left(8\frac{1}{2}\right)^2 = 72\frac{1}{4},$$

$$\left(14\frac{1}{2}\right)^2 = 210\frac{1}{4} \text{ 等等。}$$

㉘ 口算求数字的平方时，用下面的这个公式会更简便。

$$(a \pm b)^2 = a^2 + b^2 \pm 2ab。$$

例如：

$41^2 = 40^2 + 1 + 2 \times 40 = 1601 + 80 = 1681$,

$69^2 = 70^2 + 1 - 2 \times 70 = 4901 - 140 = 4761$,

$36^2 = (35+1)^2 = 1225 + 1 + 2 \times 35 = 1296$。

这个方法对计算以1、4、6和9结尾的数字的平方十分方便。

14.10　用公式 $(a+b) \times (a-b) = a^2 - b^2$ 进行演算 ///////

㉙ 当需要口算 52×48 的时候，在心里可以把这两个数替换成 $(50+2) \times (50-2)$

$(50+2) \times (50-2) = 50^2 - 2^2 = 2496$。

当两个数相乘，一个数字可以被替换成两个数字的和，而另一个数字正好等于这两个数字的差，就是使用这个公式进行口算：

$69 \times 71 = (70-1) \times (70+1) = 4899$，

$33 \times 27 = (30+3) \times (30-3) = 891$，

$53 \times 57 = (55+2) \times (55-2) = 3021$，

$84 \times 86 = (85-1) \times (85+1) = 7224$。

㉚ 下面这样的式子也适合用这种方法口算：

$7\frac{1}{2} \times 6\frac{1}{2} = (7+\frac{1}{2}) \times (7-\frac{1}{2}) = 48\frac{3}{4}$，

$11\frac{3}{4} \times 12\frac{1}{4} = (12-\frac{1}{4}) \times (12+\frac{1}{4}) = 143\frac{15}{16}$。

14.11　最好记住 $37 \times 3 = 111$ ///////////////////

记住了这个式子，以后再口算37乘以6、9、12等就很容易了。

$37 \times 6 = 37 \times 3 \times 2 = 222$，

$37 \times 9 = 37 \times 3 \times 3 = 333$，

$37 \times 12 = 37 \times 3 \times 4 = 444$，

$37 \times 15 = 37 \times 3 \times 5 = 555$，等等。

记住 $7 \times 11 \times 13 = 1001$ 这个式子，会对口算下列式子很有帮助：

$77 \times 13 = 1001$，

$77 \times 26 = 2002$,

$77 \times 39 = 3003$,

等等。

还有

$91 \times 11 = 1001$,

$91 \times 22 = 2002$,

$99 \times 33 = 3003$,

等等。

$143 \times 7 = 1001$,

$143 \times 14 = 2002$,

$143 \times 21 = 3003$,

等等。

*　　*　　*

这里介绍的都是心算乘法、除法和开方时使用的最简单的方法。在实践中善于思考的读者还会自己积累一些简化计算过程的有效方法。

15
Chapter

第十五章

幻方

15.1　最小的幻方 ///////////////////////////////////////

　　构造幻方，或者叫魔方，是一项古老但仍很流行的数学游戏。这个游戏的任务是把一连串数字（从1开始）放到一个正方形的方格中，要使正方形中任意行、任意列和两条对角线上的几个数字的和都相等。

　　最小的幻方有9个小方格。只要我们稍加思考就能确信由4个小方格组成的幻方是不存在的。下面就是由9个小方格构成的幻方：

4	3	8
9	5	1
2	7	6

图63

　　在这个正方形中，不管是4＋3＋8，或2＋7＋6，或3＋5＋7，或4＋5＋6，或者是由任何三个数组成的数组的和都等于15。在组成这个数字正方形之前，我们就能预见到这样的效果。正方形的3行——上行、中行和下行——应该包含了所有的9个数字，这9个数字的和为：

$$1+2+3+4+5+6+7+8+9=45。$$

　　从另一方面讲，这个和应该相等其中一行数字和的3倍。因此，我们可以得到每行数字和等于：

$$45\div3=15。$$

　　通过这个方法，我们可以提前计算出任意个小方格组成的幻方的任意一行或者列的数字和。为此，我们需要计算出所有数字的和，还有行数。

15.2　转动和反射 ///////////////////////////////////////

　　构造好一个幻方后，很容易得到它的变种，就是得到一系列新的幻方。例如，如果我们先构造好了如图64的幻方，我们在心里将它转动90°后就会得到另一个幻方图65。

6	1	8
7	5	3
2	9	4

图64

8	3	4
1	5	9
6	7	2

图65

继续转动——180° 和270°，我们又会得到初始幻方的两个变种。

每一个新得到的幻方，还可以继续变化，得到的变种就像它在镜子里反射的影子。

图66展示的一个是幻方，另一个是它镜子反射得到的变种。

6	1	8
7	5	3
2	9	4

2	9	4
7	5	3
6	1	8

图66

通过对一个由9个方格构成的幻方进行转动和反射，得到的所有变种如图67所示。

下面就是由1~9这9个数字所能组成的全部幻方。

6	1	8
7	5	3
2	9	4

1

8	1	6
3	5	7
4	9	2

2

2	7	6
9	5	1
4	3	8

3

6	7	2
1	5	9
8	3	4

4

4	9	2
3	5	7
8	1	6

5

2	9	4
7	5	3
6	1	8

6

8	3	4
1	5	9
6	7	2

7

4	8	8
9	5	1
2	7	8

8

图67

15.3 巴歇[①]方法

现在给大家介绍一下构造奇数阶的幻方，即构成幻方的方格数是奇数：3×3，5×5，7×7等等。这个方法是17世纪时法国数学家巴歇发现的。因为巴歇的方法适用于9个方格的正方形，所以我们就从这个最简单的幻方开始介绍这个方法。所以，让我们用巴歇方法来构造一个由9个方格构成的幻方。

如图68所示，画一个由9个小方格构成的正方形，斜着分3行写下1~9这9个数字。

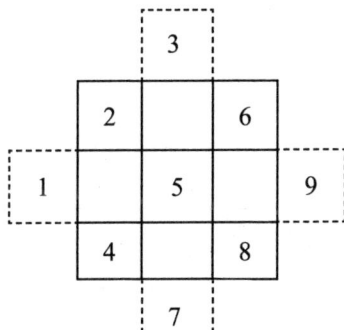

图68

把在正方形之外的数字填入其对面的方格中（数字仍在原来的行或

---

① 17世纪法国数学家克劳德-加斯帕·巴歇·德·梅齐里亚克（Claude Gaspard Bachet de Méziriac，1581-1638），他第一个论述了连分式不定方程组，发现了幻方结构与算法，是"裴蜀定理"的最早发现者。

列）。就会得到一个如图69的正方形：

2	7	6
9	5	1
4	3	8

图69

采用巴歇的方法做一个由5×5个方格构成的幻方。从图70中数字的布置开始：

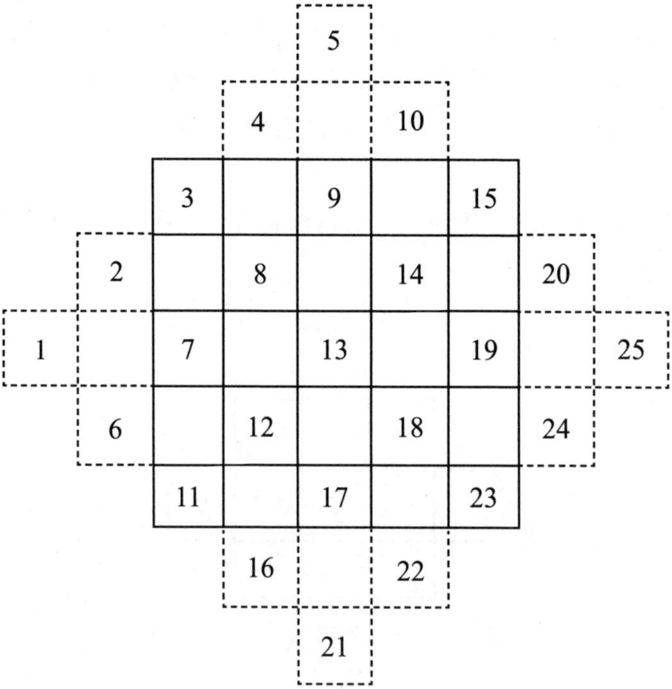

		5		
	4		10	
3		9		15
2	8		14	20
1	7	13	19	25
6	12	18	24	
11	17	23		
	16		22	
		21		

图70

剩下的工作只是将正方形外边的数字移到正方形里边去。为此，我们需要将正方形之外的由数字构成的图形通过思考移到它们对面的正方形的位置里去。这样就会得到一个有25个方格的幻方（图71）。

3	16	9	22	15
20	8	21	14	2
7	25	13	1	19
24	12	5	18	6
11	4	17	10	23

图71

这种简单方法的原理十分复杂，读者可以在实践中去加以证明，但是这种方法是完全正确的。

在构造了一个由25个方格构成的幻方之后，通过转动和反射的方法，你可以得到这个幻方的变体。

15.4　印度方法

巴歇法又被称为阶梯法，并不是由奇数个方格构成的幻方的唯一方法。在其他方法中，有一种十分古老但并不复杂的方法，据说是印度人在公元前发明的。它可以简单地归纳为6条法则。请先仔细阅读这6条法则，然后在例子中运用这些法则构造一个由49个方格构成的幻方（图72）。

30	39	48	1	10	19	28
38	47	7	9	18	27	29
46	6	8	17	26	35	37
5	14	16	25	34	36	45
13	15	24	33	42	44	4
21	23	32	41	43	3	12
22	31	40	49	2	11	20

图72

①在最顶上的一行的中间写上1，在最后一行中间偏右的那一列写上2。

②随后的数字按照对角线的方向朝右上依次写下。

③当写到了最右边，就转到它上边那行最左边的方格继续写。

④当沿对角线写到了正方形最上边时，下一数字写到右侧列最低行的格中。

注：到达右侧最上行顶角格子后，下一数字写到左下角格子中。

⑤如到达已经填有数字的方格，就转到最后一个被填写的方格下边的方格继续写。

⑥如果最后一个被填写的方格位于最后一行，就转到这一列最上边的那个方格继续写。

遵照这些原则，你可以迅速地构造任何一个由奇数个方格构成的幻方。

如果方格的数量不能被3整除，那么在构造幻方时，可以不按照法则①，而是按照另外一个法则构造。

数字1可以写在从最左列中间方格和最上行中间的方格构成的对角线中任何一个方格内。其他数字还是按照法则②~⑤填写。

这样的话，按照印度方法构造幻方时，可以做出好几个不同的幻方。例如图73中的由49个方格构成的幻方。

32	41	43	3	12	21	23
40	49	2	11	20	22	31
48	1	10	19	28	30	39
7	9	18	27	29	38	47
8	17	26	35	37	46	6
16	25	34	36	45	5	14
24	33	42	44	4	13	15

图73

15.5 由偶数个方格构成的幻方 ///////////////////////

　　构造由偶数个方格构成的幻方还没有发现一个简单易行的方法。只有对方格数可以被16整除的正方形，即一边上的方格数是4的倍数，如4、8、12等个方格构成的正方形有比较简单的构成幻方的方法。

　　现在设定一下，哪些方格我们可以称为是相互对称的。在图74中举出了两对相互对称的方格：一对用×符号表示，另一对用○表示。

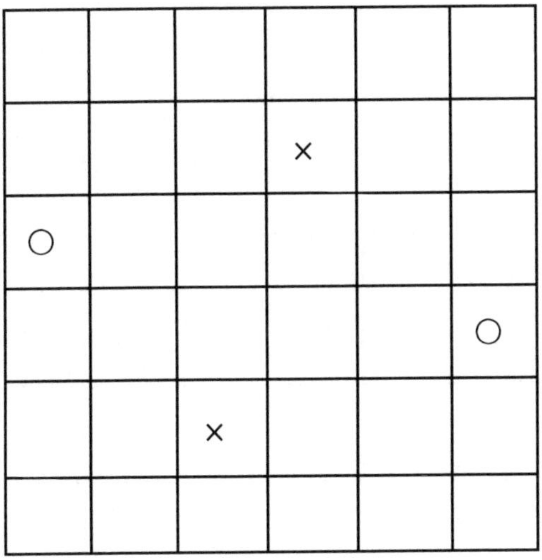

图74

　　我们看到，如果一个方格是上数第二行左起第四个，那么和它相互对称的方格就是下数第二行右起第四个（读者最好再试着找出几对相互对称的方格）。可以发现，对角线上的方格都是相互对称的。

　　举出一个包含有8×8个方格的正方形作为例子，讲解用什么方法为这类的正方形构造幻方。首先我们将数字1到64填入方格内（图75）。

　　在这个正方形中，两个对角线上的数组的和是一样的，都是260，正好8×8幻方的对角线的上数组的和（可以验证一下）。

　　这个正方形的行和列的数组和则不相同。最上面一行的数组和为36，也就是说比要求的和小224（260−36）；第8行，就是最下面一行的数组和为484，也就是说比要求的和大了224（484－260）。观察可得，第8行的每个数字都比它们同一列第一行的数字大56，而224＝4×56，这样我们就可以推导出，如果第一行的四个数字能同它们同列的第8行上的数字相互换个位置的话，例如1、2、3、4同57、58、59、60相互换位置，那么这两行各自数组的和就相等。

1	2	3	4	5	6	7	8
9	10	11	12	13	14	15	16
17	18	19	20	21	22	23	24
25	26	27	28	29	30	31	32
33	34	35	36	37	38	39	40
41	42	43	44	45	46	47	48
49	50	51	52	53	54	55	56
57	58	59	60	61	62	63	64

图75

但是，我们同时还要让每列的数组和为224。按照数字最初分布的位置，我们也可以通过调换各列数字位置的方法，就同我们调换各行数字的位置的方法一样，使各列的数组和为224。但是现在我们已经调换了各行数字的位置，情况就有一些复杂了。

为了迅速找到那些需要调换位置的数字，我们采用下面这个方法，首先我们不是进行两次置换，换各行的和各列的数字，而是将相互对称的数字换位（什么叫相互对称的数字，我们在上文中已经解释了）。但是仅凭这条法则还是不够的，因为我们已经知道我们不是将所有的数字都换位置，而只是其中一半的数字，剩下的数字还要待在原来的位置不动。那么到底将哪些相互对称的数字调换位置呢？

下面这四条法则可以解答这个问题：

①必须将幻方分成4个小正方形，如图76中的图形所示。

1×	2	3	4×	5×	6	7	8×
9×	10×	11	12	13	14	15×	16×
17	18×	19×	20	21	22×	23×	24
25	26	27×	28×	29×	30×	31	32
33	34	35	36	37	38	39	40
41	42	43	44	45	46	47	48
49	50	51	52	53	54	55	56
57	58	59	60	61	62	63	64

图76

②在左上角的小正方形中，有一半的小方格被用小×的符号标了出来，而每一行和每一列中都正好有一半的小方格被标记了。实现这个标记效果的方法有很多，正如图76中所显示的。

③在图中右上角小正方形中标记的小方格与左上角小正方形中有×号各格相对称的格子画上×号。

再把画有×号的数逐个同相对应格子中的数互换位置。

这样，我们可以得到一个如图77所示的，包含有8×8个小方格的幻方。

64	2	3	61	60	6	7	57
56	55	11	12	13	14	50	59
17	47	46	20	21	43	42	24
25	26	38	37	36	35	31	32
33	34	30	29	28	27	39	40
41	23	22	44	45	19	18	48
16	15	51	52	53	54	10	9
8	58	59	5	4	62	63	1

图77

事实上，有多种方法可以对左上角内小方格进行标记，同时满足法则②的要求。

这些不同的方法如图78所示。

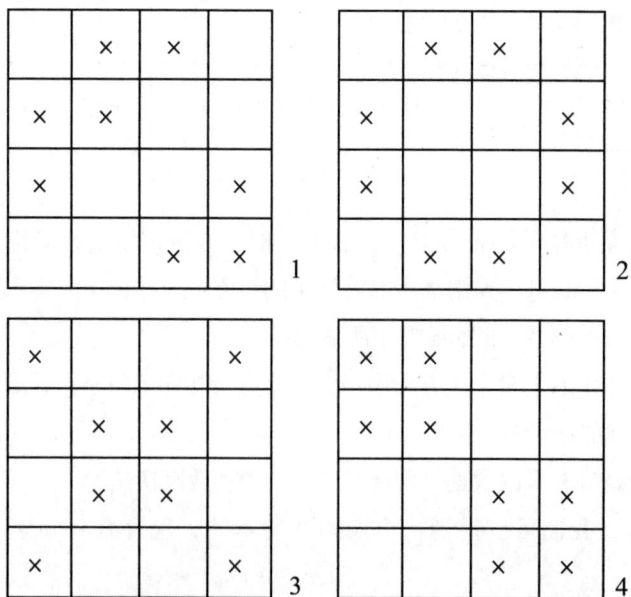

图78

毫无疑问，读者自己也能找出很多方法来调换左上角小正方形内方格的位置。

然后再按照法则③和④继续构造，我们还会得到好几个不同的由64个小方格构成的幻方。

按照这种方法，我们就可以构造由12×12，16×16个小方格构成的幻方了。

建议读者自己构造一个这种类型的幻方。

15.6　幻方如何得名

关于幻方的第一次记载见于距今4000~5000年的古代东方书籍。

古印度人对幻方开始有了深入的了解。对幻方的兴趣后来由印度传入阿拉伯，阿拉伯人认为这种数字组合具有神秘性。

在中世纪的欧洲，幻方被一些伪科学——炼金术、占星学——代表人所掌握。因为受古老迷信观念的影响，这些数字方块得名"魔方"，就是神奇的意思。占星师和炼金师相信刻有魔方的木板可以辟邪，作为护身符使用。

＊　　＊　　＊

构造幻方并不只是为了消遣，它的理论也是众多优秀数学家研究的成果。

幻方的理论被应用于很多重要的数学问题。例如，解多元方程的方法就使用了幻方理论。

16

Chapter

第十六章

一笔画

16.1 柯尼斯堡七桥问题 ////////////////////////////////////

【题】有一次，天才数学家欧拉被一道特殊的问题吸引住了，问题是这样的：

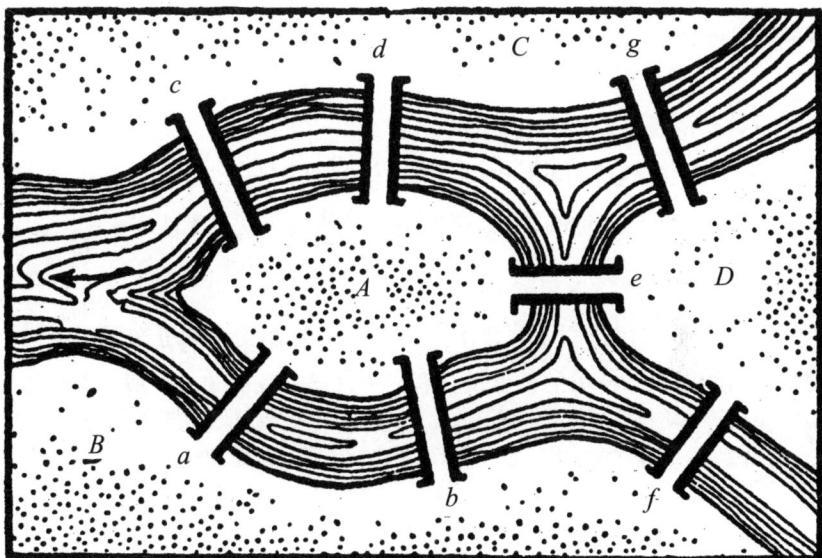

图79

"在柯尼斯堡[①]有一座叫内服夫的小岛。环绕它的河流分成两支（图79），在两个支流上横跨着七座桥：a、b、c、d、e、f、g。

能不能一次走过所有这些桥，而不重复经过其中的任何一座？

有些人确信这是可能的。但另一些人反对，认为这个要求是实现不了的。"

那么读者您的意见呢？

【解】欧拉对柯尼斯堡七桥问题进行了完整的数学研究，并在1736年把研究结果提交给了彼得堡科学院。这个论文是这样开头的，而开头确定了类似问题所属数学的领域：

---

① 今天的加里宁格勒市。

"几何学的一个领域研究测量大小及方法，它在古代就被仔细研究过，在这一领域之外，莱布尼兹首先提出了被他称之为'位置几何'的另一个领域。这一几何学领域研究的是图形各部分之间相对的分布次序，而不是它们的尺寸。[1]

　　不久之前我听说了这个属于'位置几何'的问题，现在我要用我发现的方法来解答。"

　　欧拉指的是柯尼斯堡七桥问题。

　　我们在此要叙述的不是这位伟大数学家的论证过程，而是能证明他最终结论的简要思路。他的结论是：问题中要求的走法是无法完成的。

＊　　＊　　＊

　　为了更直观，我们用简化图（图80）来替换支流的分布图。在问题中，岛屿的面积和桥梁的长度没有意义（这样，我们知道了所有拓扑学问题的特点：它们与图形各部分的相对大小无关）。

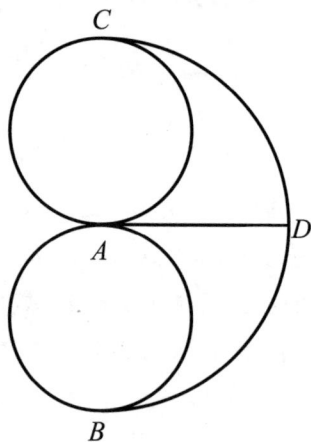

图80

　　因此，我们可以在简化图中用相应名称的点来替代道路交汇处A，B，C，D（图79）。现在问题就简化为：如图所示，要用一笔画出图形

---

[1] 现在高等几何的这一领域被称为"拓扑学"；它已发展成为一门广泛的数学科学。这一章提出的属于这一领域的问题只是拓扑学的一小部分。

（图80），笔尖不能离开纸，一条线也不能重复画两次。

现在向大家展示，为什么这个图形用一笔是画不出来的。按问题的要求，应沿着一条路到达每个交叉点 A，B，C，D，然后再沿着另一条路离开这一点；只有起始点和终点是例外：起始点不应该到达，而从终点无须离开。就是说，为了能够不中断地走完我们的图形，需要在所有的交叉点上，除了两点之外，分别汇聚两条或是四条路——总的来说是偶数条路。而在图中，在 A，B，C，D 每一个点上恰好汇聚奇数条线。因此，用一笔无法画出这个图形；所以，用要求的方法是走不完柯尼斯堡的七座桥的。

16.2　7个图形

【题】请试试用一笔分别画出下列7个图形。记住要求：在画出给定图形的所有线条时，笔尖不能离开纸，不能画多余的线，一条线也不能重复画两次。

少量理论　在试着用不中断的线画出图形（图81）时，能得到不同

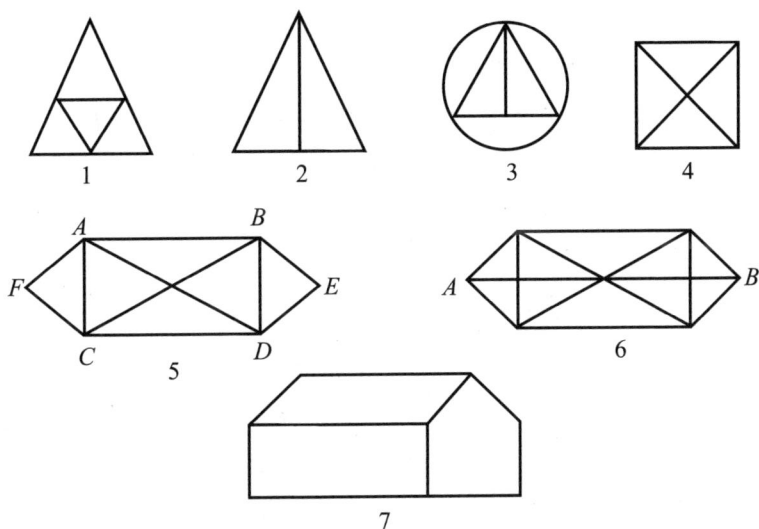

图81

的结果。一些图形无论从哪个点开始画都能画出来，另一些只能从特定的点开始画才行，而第三种图形用一笔根本画不出来。是什么造成了这种区别呢？是否存在一种标志，这种标志能够事先确定图形能不能用一笔画出来？如果能被画出来的话，那应该从哪一点起笔呢？

理论为这些问题提供了答案，现在我们来了解一下这一理论的部分原理。

我们先把那些汇聚了偶数条线的点称作"偶数点"，区别于那些汇聚了奇数条线的"奇数点"。

可以证明（不引入证据了），无论图形是什么样子的，要么根本没有奇数点，要么有2个、4个、6个——总之是偶数个奇数点。

如果图形中没有奇数点，那么它总能被一笔画出来，从任何地方开始画都行。图形1和图形5属于这一类。

如果图形中只有一对奇数点，那么这个图形从奇数点开始画就能被一笔画出来（两个奇数点没有区别）。很容易就能想到，是在第二个奇数点上停笔的。图形2、图形3、图形6是这种情况；例如，在图形6中，应该从 A 点或从 B 点开始画。

如果图形有超过一对的奇数点，那么它就完全不可能用一笔画出来。图形4和图形7就是这样的，它们都包括两对奇数点。

以上的说明足够来正确分辨哪些图形不能用一笔画出来而哪些能，以及应当从哪一点开始画。B. 阿伦斯教授建议遵循以下规律："给定图形的已画好线条应当认为是不存在的，在选择下一条线时应当注意，如果把这条线从图上抹去的话，图形还能够保持完整（不分裂）。"

比如，图形5先按照路线 $ABCD$ 开始画。如果现在要画线 DA，就还剩下图 ACF 和图 BDE 没画，但这两个图形之间不相连（即图形5分裂了）。那么画完了图 AFC 后，我们无法再去画 BDE，因为没有能把它们连起来并且还没画过的线了。因此，若按照 $ABCD$ 的路线开始画，接下来就不能画路线 DA，而应该画 $DBED$，然后再沿着剩下的线 DA 去画图形 AFC。

【解】

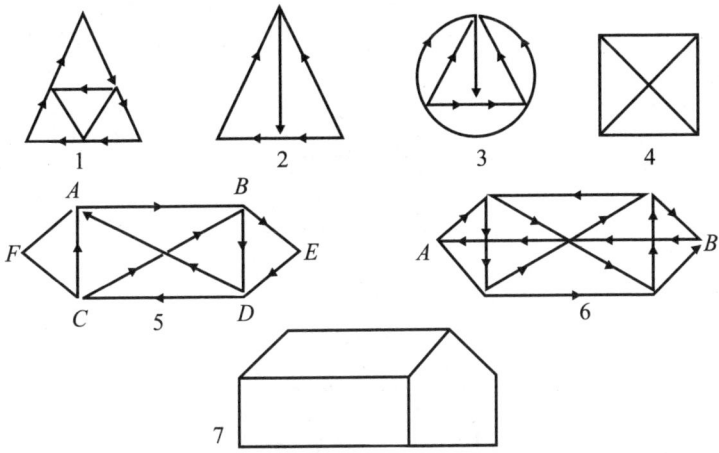

图82

【题】请用一笔画出以下图形：

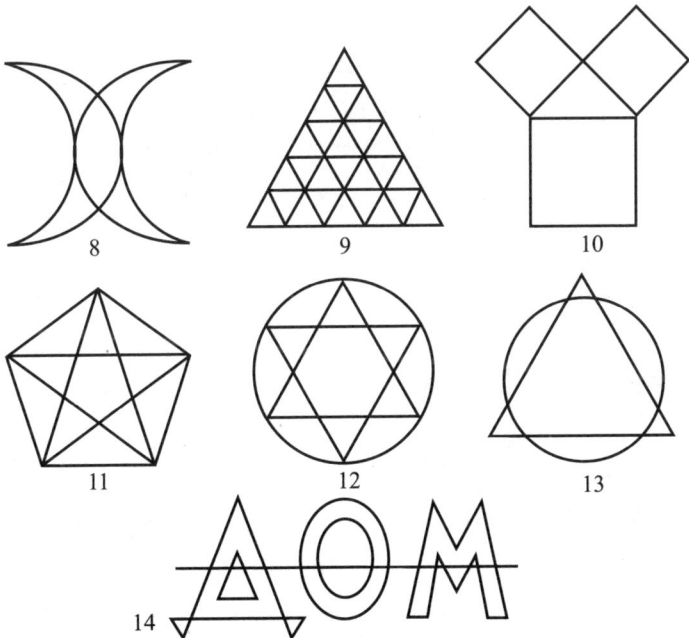

图83

【解】

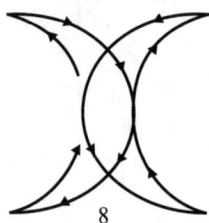

8

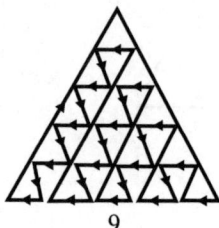

9

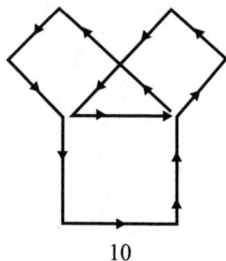

10

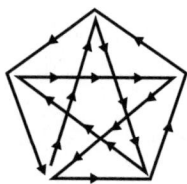

11

12

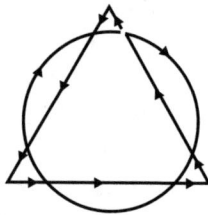

13

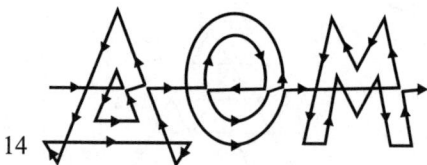

14

图84

16.3 圣彼得堡17桥问题

【题】最后，我们推出趣味科学宫殿数学大厅中的一件陈列品。这道题是这样的：图上画的是圣彼得堡地区，有17座桥把所有的地段连接起来，要通过所有这17座桥，但一座桥不能走两次。与柯尼斯堡七桥问题不同的是，这次的走法是能完成的，而且我们的读者也具有了足够的理论知识来独立解决这个题目。

【解】

图85

图86

17

Chapter

第十七章

动脑筋的几何难题

17.1　大车 ///

【题】为什么大车的前轴比后轴更易磨损，更常抛锚？

【解】乍看上去，这道题似乎与几何无关。但是，掌握这门科学的要义正在于此，即在题目无关细节的伪装下发现几何本质。我们这道问题毫无疑问是几何方面的：没有几何学知识的话就无法解决。

那么，究竟为什么大车的前轴比后轴更易磨损呢？众所周知，前轮比后轮小。在同等距离条件下，小圆比大圆旋转的圈数要多；小圆的圆周较小——因此长度相同时要转更多圈。现在我们明白了：在运行时是大车的前轮而不是后轮转更多圈，当然磨损的就更厉害。

17.2　多少面 ///

【题】这个问题一定让人觉得很幼稚，或是，正相反——太费解了：六棱铅笔共有几个面？

在看答案之前，请认真地想一想。

【解】这个问题完全不是开玩笑的，而且揭示出日常语言使用的错误。六棱铅笔并不是只有6个面，而是更多。如果它没被削的话，就一共有8个面：6个侧面，还有两个小的"端面"。如果它真的只有6个面的话，那么它的形状就会是另一番模样——一个截面是矩形的小棍。

习惯上棱镜只数侧面，而忘了其底面。许多人说"三棱镜"，"四棱镜"，而它们应当叫做"三角棱镜"，"四棱镜"——应根据底面的形状来命名。三棱镜，即有三个面的棱镜，实际上是不存在的。

因此，题中铅笔正确的叫法不应该是"六面铅笔"，而是"六角铅笔"。

17.3　这里画的是什么？ ///

【题】试着说出，图87中画的是什么。特殊角度使这些物品画出来样子很奇怪，让人很难猜到是什么。但请你想想，画家画的究竟是什么呢？所有这些都是你在日常生活中常见的物品。

【解】画的是以下物品的特殊角度：剃须刀、剪刀、叉子、怀表、勺子。在观察物体时，我们通常所看的是它的平面投影，垂直于光线。问题中向您展示的不是您所熟悉的投影，这样就使物品变得认不出来了。

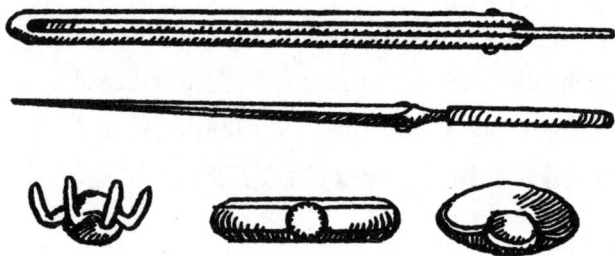

图87

17.4 杯子与刀子

【题】有三个杯子摆放在桌子上，它们彼此之间的距离比放在它们中间的刀子的长度要长（图88）。要求用这三把刀子搭成小桥，小桥能把所有杯子连在一起。当然，杯子不准移动，也不许使用杯子和刀子以外的其他东西。您能做到吗？

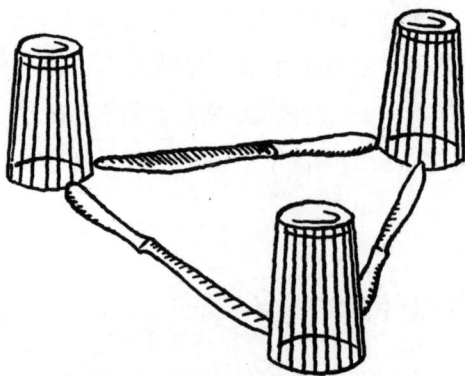

图88

【解】 这完全能够做到，像图89所示那样摆放刀子：每把刀一端搭在杯子上，另一端搭在另一把刀子上，第二把也同样搭在第三把上。刀子就这样互相支撑着。

图89

17.5　一个塞子三个孔

【题】 在木板上（图90）挖了六排孔，每排三个。需要用某种材料为每一排削出一个塞子，这个塞子能把这排的三个孔都堵上。

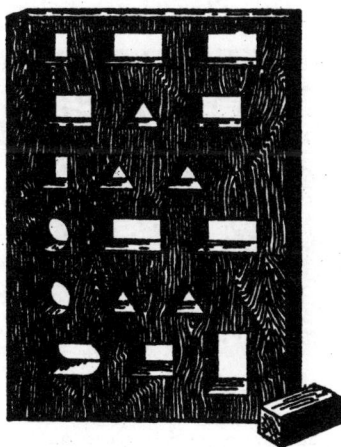

图90

对第一排而言完全不难：很明显，图中画的那个长方块就行。

要想出剩下5排塞子的形状就比较难了；其实，每个与技术图纸打过交道的人都能解决这些问题：其本质就是按照元件的三个投影来把它制造出来。

【解】符合要求的塞子如图91所示。

图91

17.6 找塞子

【题】您面前的小木板上有三个孔：正方形的、三角形的和圆形的。存在一个能堵住所有这些孔的塞子吗？

图92

【题】题中需要的塞子是存在的。它的形状正如图93中展示的那样。很容易看出，一个这样的塞子确实能堵上正方形、三角形和圆形的孔。

图93

17.7　第二个塞子 ///

【题】如果您已经解决了前一个问题，那么，您能成功地找出图94中这些孔的塞子吗？

图94

【解】存在能堵上图95中圆形、正方形和十字形孔的塞子。图中是它的三个侧面。

图95

【题】最后，还有这一排的：存在一个能堵住图96中三个孔的塞子吗？

图96

【解】存在这样的塞子：您可以在图97中看到它的三个面。

我们现在进行的题目是绘图员经常解决的问题，绘图员要根据某个机器部件的三个投影来确定它的形状。

图97

17.9　两个杯子

【题】 第一个杯子比第二个高两倍，而第二个杯子比第一个宽$1\frac{1}{2}$倍，那哪个杯子容量更大（图98）？

【解】 宽$1\frac{1}{2}$倍，但高度相同时，杯子容量大（$1\frac{1}{2}$）²倍，即$2\frac{1}{2}$倍。因为矮杯子只矮$\frac{1}{2}$，所以最后它还是比高杯子的容量大。

图98

17.10　两口锅

【题】 有同样形状的两口铜锅，锅壁厚度也一样。第一口锅的容量是第二口锅的8倍。

那么第一口锅比第二口锅重几倍？

【解】这两口锅——是几何相似物体。如果大锅的容量大8倍，那么它的尺寸就大2倍：在高度和宽度两个方向上都大2倍。但既然高和宽都大2倍，那么表面积就大2×2倍，即4倍，因为这种物体的表面相当于同尺寸的方形。在锅壁厚度相同时，锅的重量取决于表面积的大小。从这儿我们得出问题的答案：大锅比小锅重4倍。

17.11 四个立方体

【题】用同种材质制作出四个实心立方体（图99），高度分别为6厘米、8厘米、10厘米和12厘米。把它们放在天平上，要使天平两端平衡。

图99

您要把哪些或哪个立方体放在天平一端的托盘上，而哪些（或是哪个）放在另一端？

【解】应当在一个托盘上放3个小立方体，而在另一个托盘上放最大的。不难判断，天平两端重量应相同，为此我们要证明，3个小立方体的总重量与最大的立方体重量相同——这是从以下这个等式得出的：

$$6^3+8^3+10^3=12^3 \text{。}$$

即 $216+512+1000=1728$

17.12 水装到一半

【题】往一个开口的大桶里装水，看起来似乎到一半了。但是您想确切地知道，桶里的水是否有一半，是多一些还是少一些。您手上没有小棍，也没有任何能用来量桶的仪器。

您能用什么方法来确定桶里的水正好装到一半了呢？

【解】最简单的方法——把大桶倾斜，使水到达桶边（图100）。如果此时还能看见桶底，说明水还没到一半。

图100

如果相反，桶底比水面低——说明水超过一半了。最后，如果桶底的上沿正好在水面上，说明水装到一半了。

17.13 哪个更重？

有两个同样的正方体盒子（图101）。左边的盒子里放着一个大铁球，直径等于盒子的高度。右边的盒子里装满了小铁球，就像图中那样排列。

哪一个盒子更重呢？

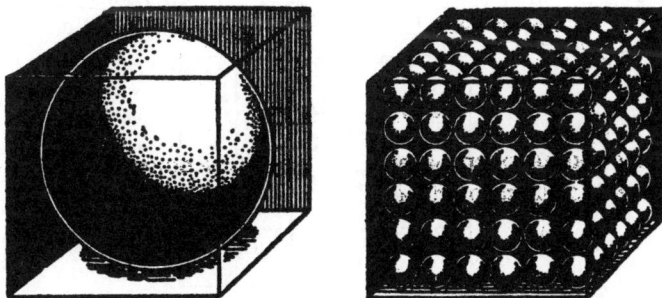

图101

【解】右边的立方体可以看做是由小立方体组成的，在每个小立方体中放进小球。容易看到，大球在大立方体中所占空间的比例与每个小球占小立方体的比例相同。

小球和小立方体的数目不难确定：$6 \times 6 \times 6 = 216$。216个小球占216个小立方的体积的比例相同，等同于一个小球占一个小立方体的，即一个大球占一个大立方体的。由此便清楚了，两个盒子中都装有相同数量的金属，因此，它们的重量也相同。

17.14　三条腿的桌子

【题】有种意见认为，三条腿的桌子永远都不会晃，甚至是在三条腿不一样长的时候。

这是真的吗？

【解】三条腿桌子的桌腿底端总能碰到地，应为通过三点只能确定平面，而且只有一个，这就是三条腿桌子不晃的原因。如您所见，它是一道几何问题，而不是物理问题。

正因此，土地测量仪器和摄像机使用三腿支架更方便。第四条腿不会使支架更稳固，相反，那时就要总得担心它晃。

17.15　有多少个矩形？

【题】在这个图中你能数出多少个矩形？（图102）

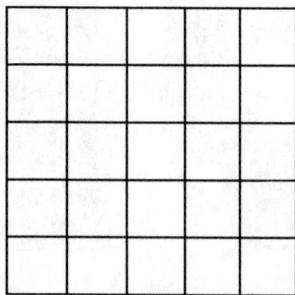

图102

先别急着回答。要注意，问的不是正方形的数目，而是所有矩形的数目——无论大的还是小的——只要是能在这个图中数出来的。

【解】在这个图中不同的矩形有225个。

17.16　国际象棋棋盘

【题】您能在国际象棋的棋盘上数出多少个不同的正方形？

【解】在国际象棋的棋盘上画着不只64个正方形，而是更多：要知道，除了黑色和白色的小方块之外，上面还有杂色的正方形，分别由4、9、16、25、36、49和64个单个的小正方形组成。它们的总数需要计算：

单个的小正方形	64
由4个小正方形组成的	49
由9个小正方形组成的	36
由16个小正方形组成的	25
由25个小正方形组成的	16
由36个小正方形组成的	9
由49个小正方形组成的	4
由64个小正方形组成的	1
总计	204

由此得出，国际象棋的棋盘包含了204个大小各异且分布不同的正方形。

17.17　玩具砖

【题】建筑用砖重4千克，那么长宽高是它 $\frac{1}{4}$ 的由同种材料制成的玩具砖有多重？

【解】要是回答玩具砖重1千克，即重量是建筑用砖的 $\frac{1}{4}$ ，那就大错特错了。玩具砖的长度不仅仅是真正砖的 $\frac{1}{4}$，而且宽度是 $\frac{1}{4}$，高度也是 $\frac{1}{4}$，所以体积和重量是 $\frac{1}{4} \times \frac{1}{4} \times \frac{1}{4} = \frac{1}{64}$。

因此，正确的答案应该是这样的：玩具砖重 $4000 \div 64 = 62.5$ 克。

17.18　巨人和矮子

【题】身高两米的巨人比1米高的矮子大约重几倍？

【解】您经过以上问题锻炼现在已经能够正确解答这个问题了。因为人身体的形状是相似的，所以身材大两倍的人体积不是大两倍，而是8倍。这说明巨人比矮子重8倍左右。

有记录的最高巨人是一个身高275厘米的人——他比中等个的人高出整整100厘米。最矮的矮子比40厘米还矮，也就是说，他的身高是巨人身高的 $\frac{1}{7}$。因此，如果在天平的一端放上巨人，那么为了平衡在另一端就要放上 $7 \times 7 \times 7 = 343$ 个矮子——真是一大群。

17.19　沿着赤道

【题】如果我们能沿着赤道绕地球走一圈，那么我们头顶经过的距离比脚走过的距离要长。那距离能差多远呢？

【解】如果人身高是175厘米，地球半径为 R，就有：

$2 \times 3.14 \times (R+175) - 2 \times 3.14 \times R = 2 \times 3.14 \times 175 = 1100$ 厘米

即11米。令人惊讶的是：结果完全与地球的半径无关，在巨型的球体和在小球上都一样。

17.20　透过放大镜

【题】透过4倍放大镜观察一个 $1.5°$ 的角，这时角的度数是多大？（图103）

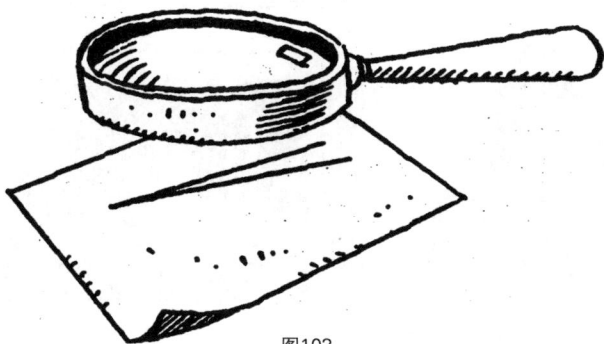

图103

【解】 如果您认为，放大镜里角的大小是 $1\frac{1}{2} \times 4 = 6°$，那就错了。透过放大镜看时，角的大小丝毫没有扩大。不错，量角的弧线无疑变大了，但是弧的半径也扩大了相同的倍数，因此这个角的大小不变。图104解释了上述说明。

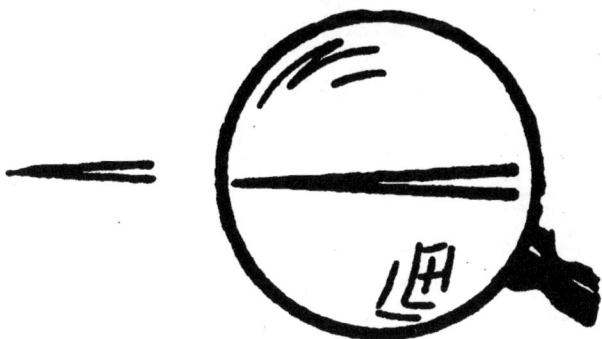

图104

17.21　相似形

【题】 这道题是为那些知道什么是几何相似的人准备的。要回答以下两个问题：

①在三角形中（图105）外面的三角形和里面的三角形相似吗？

②在画框中（图105）外面的四边形和里面的四边形相似吗？

图105

【解】题中的两个问题经常得到肯定的回答。而实际上只有三角形是相似的；画框里外部的四边形和内部的四边形并不相似。三角形相似的话只需要三个角相等就足够了，因为如果内部三角形的边和外部三角形的边平行，图形就相似了。然而对于普通的多边形只有角相等是不够的（只有边平行也不够）——还需多边形的边成比例。画框外部的四边形和内部的四边形只有都是正方形时（总之是菱形）时才行。在其他情况下，若外部四边形和内部四边形的边不成比例，它们就无法相似。

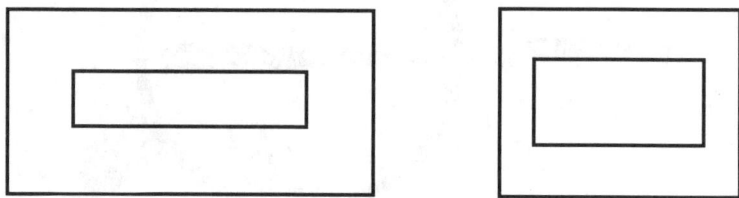

图106

图106中的长方形明显不相似。左图外部长方形边的比例是4：1，而内部的是2：1。右图中外部是4：3，而内部是2：1。

17.22 塔的高度

【题】在我们的城市里有一个名胜古迹——一座高塔，但您并不知道它的高度。您有一张明信片，上面是塔的照片。

这个照片能帮你得知塔的高度吗?

【解】要通过照片来确定塔的实际高度,先需尽可能准确地量出照片上塔的高度和底座长度。假如照片上塔高95毫米,底座长19毫米。然后测量底座的实际长度,假如是14米。

在进行了这些测量以后,您要这样想:塔的照片和它真实的轮廓彼此几何相似。因此,照片上高度比底座长几倍,实际上高度就比底座长几倍。第一个比例正好是95∶19,即5;由此得出结论,塔高是底座长度的5倍,实际上是14×5=70米。

这样,塔的高度就是70米。

应当指出,不是所有的照片都适用于确定塔高,只有比例不失真的照片才行,而没经验的摄影师常犯失真的错误。

17.23 得出什么结果?

【题】请思考一下:组成一平方米见方的所有一平方毫米小方块若是一个挨一个地展开,形成的长条能有多长呢?

【解】一平方米里有1000×1000个平方毫米。每1000个彼此相连的一平方毫米形成1米,1000个这样的1000个平方毫米形成1000米,即1千米。所以长条展开有整整1000米长。

17.24 摞成一摞

【题】请思考一下:组成一立方米的所有一立方毫米小方块若是一个挨一个地摞起来,能有几千米高呢?

【解】答案非常让人吃惊:柱子高……1000千米。

让我们做一下口算。一立方米包含一立方毫米:1000×1000×1000个,每1000个千个立方毫米摞成1000米=1千米,因为我们的小方块还有1000倍,所以共有1000千米。

17.25　糖

【题】哪个更重：一杯砂糖还是同样的一杯方糖？

【解】这道看似很费解的问题如果仔细想想的话，非常容易解答。为了简化，我们假设方糖的宽度比砂糖粒的宽度大100倍。现在想象一下，所有砂糖粒连同装它们的杯子同时扩大100倍，那么杯子的容积就扩大了$100 \times 100 \times 100$倍，即100万倍；它所装糖的重量也扩大同样的倍数。想象倒出正常一杯容量的放大了的砂糖，即巨型杯子的百万分之一。倒出来的重量，当然与普通一杯普通砂糖的重量相同。然而，我们倒出来的扩大了的砂糖究竟是什么呢？不是别的，正是方糖。这就是说，杯子里的方糖与同样多的砂糖重量相同。

如果不是扩大100倍，而是60倍或别的倍数，那一点区别也没有。推理的核心仅仅在于要把方糖块看成砂糖块的相似形，而且分布方式也相同。假设并不严格可信，但是，与实际情况非常接近（这里说的仅是方糖，而不是块糖）。

17.26　苍蝇的路线

【题】在玻璃的圆柱形罐子的内壁上有一滴蜂蜜，距罐子上沿3厘米。而在外壁，在正对面的点上，趴着一只苍蝇（图107）。

图107

请给苍蝇指出一条能爬到蜂蜜的最近的路。

罐子高20厘米；直径10厘米。

别指望苍蝇能自己找到最近的路，让它来帮您回答这道题；它只有掌握了几何知识才能解答，而这对于苍蝇的大脑来说太难了。

【解】为解答这一问题，我们先把圆柱形罐子的侧表面展开形成一个平面，得到一个矩形（图108a），高20厘米，底边正好是罐子的周长，即$10 \times 3\frac{1}{7} = 31\frac{1}{2}$（约等）。我们在这个矩形上找到苍蝇和蜂蜜滴的位置：苍蝇——在A点，距离底边17厘米，蜂蜜滴——在B点，与A点的高度相同，距离A点有半个圆周的距离，即$15\frac{3}{4}$厘米。

现在要确定苍蝇应当从罐子边缘上的哪一点爬过去，通过以下方法来进行。

从B点（图108b）画一条垂直于矩形上部边缘的直线，继续画出相同的距离，得到C点。把A点和C点用直线连接起来，D点即为苍蝇爬到罐子另一边应该经过的点，而路线ADB即为最短路线。

在展开的矩形上找到最短路线，然后再把它卷起来，就会知道苍蝇应该如何爬才能最快到达蜂蜜滴（图108c）。

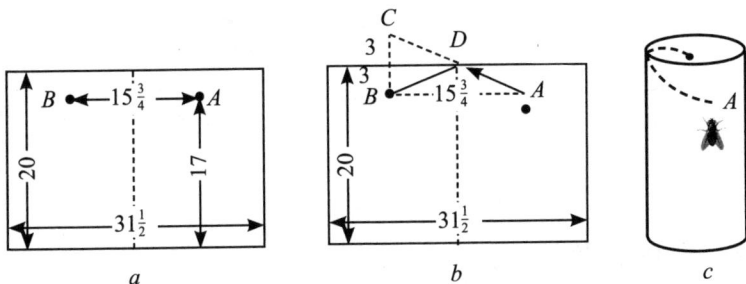

图108

17.27　小虫的路线

【题】路边有一块切割好的花岗岩石块，长30厘米，宽20厘米，高也是20厘米（图109）。虫子在A点，它想走最近的路到达B点。

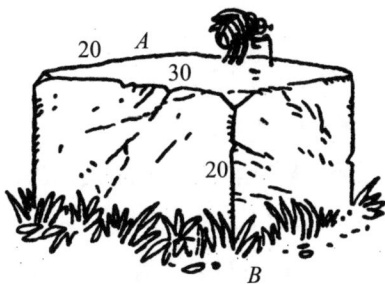

图109

这条最近的路线是怎么走的呢？它有多长？

【解】 如果我们想象把石头的上表面展开，与前表面形成一个平面（图110），那么最短的路线很容易确定。最短的路线显然是——连接A与B的直线。那么这条路线有多长呢？

我们有直角三角形ABC，$AC=40$厘米，$CB=30$厘米。根据勾股定理，第三条边AB应该等于50厘米，因为$30^2+40^2=50^2$。

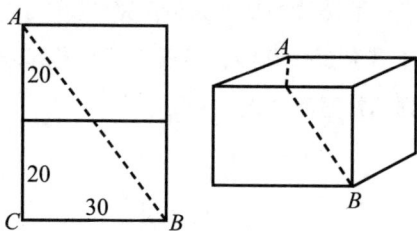

图110

这样，最短的路线$AB=50$厘米。

17.28 野蜂的旅行

【题】 野蜂要去远行。它从自己的巢出发一路向南飞，飞过小河，最后，飞了一小时以后，它开始沿着布满芬芳的三叶草的山坡下降。在这里，野蜂从一朵花飞到另一朵，停留了半个小时。

现在，应当去那个昨天发现的醋栗花园了。花园在山坡的西边，野蜂急急忙忙往那飞。过了$\frac{3}{4}$小时它到了花园。醋栗开得正盛，要采遍所有的花丛，野蜂需要$1\frac{1}{2}$小时。

然后，野蜂不能再耽搁了，它要沿着最近的路飞回巢。

野蜂在外面一共待了多长时间？

【解】 如果知道野蜂从花园飞回巢所需时间的话，那么题目解决起来会很容易。题中并没有给出，但几何会帮我们来自己算出这个时间。

先画出野蜂的路线。我们知道，野蜂先"一路向南飞"，飞了60

分钟。然后它"向西"飞了45分钟，即拐了直角向前飞。再沿"最近的路"，即沿直线返回巢。我们得到一个直角三角形ABC，其两条直角边AB和BC已知，需要确定第三条边——斜边AC。

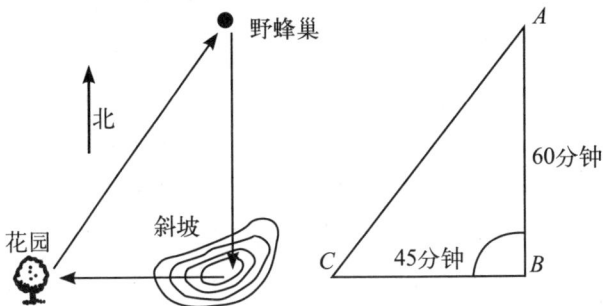

图111

几何学教我们，如果有一条直角边长是一个数的三倍，另一条是四倍，那么第三条边——斜边——应该正好是5倍。

比如，如果三角形两条直角边等于3米和4米，那么斜边等于5米；如果直角边是9千米和12千米，那么第三条边就是15千米，等等类似。在题中的情况下，一条直角边是3×15分钟的路程，另一条是4×15分钟的路程；说明斜边$AC = 5 \times 15$分钟的路程。这样，我们得知，从花园到巢野蜂飞了75分钟，即$1\frac{1}{4}$小时。

现在已经容易计算出野蜂离巢一共飞了多长时间。它飞行的时间是：

1小时$+\frac{3}{4}$小时$+1\frac{1}{4}$小时$=3$小时。

它停留的时间是：

$\frac{1}{2}$小时$+1\frac{1}{2}$小时$=2$小时。

总计：3小时$+2$小时$=5$小时。

17.29　迦太基城地基

【题】关于古城迦太基有这样一个传说。基尔王女儿迪多娜的丈夫被她哥哥杀了，她逃到了非洲，与许多基尔人一起在非洲北岸登陆。在这里她要向努米底亚王购买了一块"牛皮大小"的土地。交易达成后，她把牛皮裁成了小细条，多亏了这种手段，才占到了足够建立要塞的土地。迦太基要塞传说就是这样出现的，后来在要塞上建起了城市。

如果牛皮的表面积是4平方米，迪多娜所裁细条的宽度是1毫米，那么请试着根据这个传说算出要塞的面积。

【解】如果牛皮的面积是4平方米，或400万平方毫米，而细条的宽度是1毫米，那么细条的总长度是（应认为迪多娜是螺旋裁的细条）——400万毫米，或4000米。这样的细条能围成1平方千米的正方形的地，而圆形的地能围——1.3平方千米。

18

Chapter

第十八章

没有尺子怎么办？

18.1　用步子量路程 ///

　　尺子或带子并不总在手边，因此，最好学会不用它们进行度量，哪怕是近似的度量也好。

　　测量一定程度的长距离时，比如在旅游时，用步子量是最简单的方法。为此先需要知道自己的步长并能够数出步子。当然，步子并不总是相同：我们既能走小步，愿意的话也可以跨大步。但是，在日常行走中我们的步长还是近似相等的，如果知道步长的平均长度，就能用步子大致量出距离。

　　要知道自己的平均步长，先要量出许多步子的总长度，然后再由此算出一步的长度。当然，这时必须使用卷尺或是细绳。

　　把卷尺在平面上展开，量出20米的距离。在地上画出这段距离，然后把卷尺收起来。现在用平常的步伐沿着这条线走并数出步数。走完这段距离时步子有可能不是整的，如果剩不足半步，那么可以不计；如果超过半步，就算成一整步。用20米除以步数，得出一步的平均步长。这个结果应该记住，以备在需要的时候用它进行测量。

　　为了防止在数步的时候不数乱，尤其是长距离时，可以用下面的方法数。步数只数到10，数到10时弯一根左手手指。当左手全部手指都弯起来时，即走了50步时，弯一根右手的手指。这样可以数到250，之后再重新开始。要记住右手手指全部弯起来有几次。如果，比如，走一段距离时，您右手手指全部弯起来两次，在路的终点右手有三根手指是弯的，左手有四根，那么您一共走的步数是：

$$2 \times 250 + 3 \times 50 + 4 \times 10 = 690步。$$

　　还应当再加上左手最后一根手指弯起来后剩下的几步。

　　顺便指出这条古老的规律：成年人的平均步长等于地面到其眼睛距离的一半。

　　另一条关于步行速度的古老实践规律是：一个人在一小时内走过的千米数等于他在3分钟内走的步数。容易证明这条规律只对一定步长而且是相当大的步子才适用。实际上是：假设步长是x米，3分钟内的步数是n，那么步行三分钟就走了nx米，而一小时（3600秒）——1200nx米或1.2nx千米，要使这等于三分钟内的步数，应该有以下等式：

1.2nx＝n，或1.2x＝1。

由此x＝0.83米。

如果以上步长与身高有关的规律可信，那么现在正在研究的第二条规律只对身高175厘米左右的人适用。

18.2　活尺子

手头没有尺子或带子的时候，要想测量中等尺寸的物体，可以这么办：应当用拉紧绳子的方法测量，或者用伸直手臂的一端到另一侧肩膀的长度来测量（图112）——成年男性的这个长度接近1米。另一种得到近似1米的方法是按一条直线量出6个"虎口"，即拇指与食指张开最大的距离。（图113a）

图112 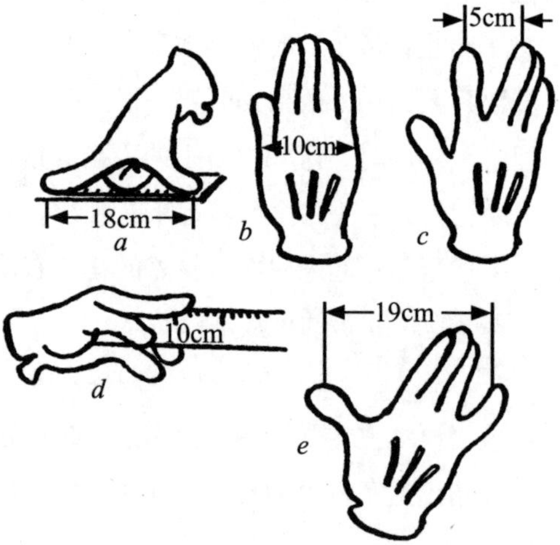　　　　　　　　　图113

最后一种方法让我们认识了"徒手"测量的艺术；为此需要预先量出自己的手并牢牢地记住测量结果。

应当怎样量自己的手呢？先量手掌的宽度，如图113b 所示。成年人这个长度约为10厘米，您的可能小一些，但您要记住小多少。然后需要量中指与食指大张时指尖最远的距离（图113c）。接着，最好知道自己食指的长度，要从拇指跟部开始算，如图113d所示。最后像图113e画的那样测出拇指与小指大张时的最远距离。

您可以用这些"活尺子"对小物体进行近似的测量。

19

Chapter

第十九章

多米诺

19.1　由28块骨牌①组成的链条 ///////////////////////////

【题】 为什么28块多米诺骨牌可以按照游戏规则摆成一个不间断的链条？

【解】 为了方便解决这个问题，我们现将7张点数重复的骨牌放在一边：0—0，1—1，2—2等等。在剩下的21张骨牌上每个数字都重复出现了6次。例如，点数4就出现在下列骨牌上：

4—0；4—1；4—2；4—3；4—5；4—6。

由此可知每个点数会重复次数是个偶数。这样的话，我们可以推断出，这些骨牌可以排列在一起，同时保证相接处的数字都相等。当我们把这21块骨牌排列成一个不间断的链条之后，然后再把那7张骨牌放进0—0，1—1，2—2等接头处。这样的话所有28张骨牌就按照游戏的要求排列成了一个不间断的链条。

19.2　链条的开头和末尾 ///////////////////////////

【题】 当28块多米诺骨牌排列成行后，它一端的骨牌点数是5。

请问这个链条另一端的点数是多少？

【解】 很容易证明，由28块骨牌组成的链条的开头和结尾的数字应该是一样的。

因为如果不相等，那么这个数字就不可能出现偶数次（要知道链条内的数字都是成对的）。我们知道，在所有的骨牌上，每个数字重复了8次，也就是偶数次。因此，如果链条两端的数字不相等就不对了：首尾的数字应该相同（这种推理方法，在数学上叫做"反证"）。

而且，根据链条的这个特性我们可以得出下面有趣的结论：28张骨牌组成的链条总是可以首尾相接形成一个圆环。因此，在遵守游戏规则的前提下，28张骨牌不仅能以任何骨牌为首尾形成链条，还可以形成一个密闭的圆环。

---

① 这里讲的是一种俄式骨牌，每付28张，牌上面刻有对应各种数字的圆点。每张牌的点数分两部分，从0-0、0-1……到6-5、6-6为止，见本章插图。

那么读者可能会提出下面这个问题：可以用多少种方法组成这样的链条或者圆环呢？我们不进行繁琐的计算，这里只是说，用28块骨牌组成一个链条（或圆环）的方法非常非常多：超过7万亿。下面是准确的数目：

7 959 229 931 520。

（此结果是由这个式子得来的：$2^{13} \times 3^8 \times 5 \times 7 \times 4231$）

19.3　多米诺魔术

【题】你的朋友拿走了一张多米诺骨牌并建议你将剩下的27张骨牌排列成链条，来证明不管哪张骨牌被拿走这还是可以实现的。为了不看到你码好的链条，他本人走进了另一间房间。

你开始码放，并证实了你朋友的想法是正确的：27张骨牌摆成了一个链条。更令人惊奇的是，你的朋友待在另一个房间里，没有看到你摆放好的骨牌，也可以说出链条两端的骨牌的点数是多少。他是怎么做到的呢？还有，他为什么那么确定27个骨牌可以组成一个不间断的链条呢？

【解】现在给大家讲解这个难题的答案。我们知道28张骨牌总是可以组成一个圆环的；因此，如果这个圆环中的一个骨牌被拿走，那么：

①剩下的27张骨牌可以组成一个断开的不间断的链条；

②被拿走的骨牌上的数字就是这个链条两端的数字。

这就是在拿走一张骨牌之后，我们可以预见到剩下的骨牌组成的链条两端的数字是多少的原因。

19.4　框子

【题】图114画的是一个正方形框子，所有的多米诺骨牌都是按照游戏规则的要求码放好的。框子的每条边的长度相等，而骨牌的点数和并不相等：上边和左边的骨牌点数和为44点，剩下的两条边的骨牌点数和分别为59和32。

你能摆放出一个正方形框子，使它的每条边上的骨牌点数和为44？

图114

【解】所求正方形各个边的骨牌的点数和为44×4＝176，也就是比一套骨牌的点数和（168）还要大8。之所以会这样，是因为正方形角上的骨牌的点数被计算了两次。这样我们就能计算出来，正方形四角上骨牌的点数和就等于8。这一点对我们寻找本题答案有一些帮助，但是找到这个正方形的过程还是非常复杂的。答案如图115所示。

图115

19.5 7个正方形 ///

【题】可以挑选出4张多米诺骨牌，使他们拼成一个小正方形，并且正方形每条边的骨牌点数和相等。

看图116中的例子：用骨牌拼成一个正方形，它每条边上的骨牌点数和都为11。你可以用一套骨牌，同时摆出7个这样的方形吗？并不要求7个方形每条边上骨牌的点数和都相等，只要求每个正方形的四条边的骨牌的点数和必须要相等。

图116

【解】这个题的解法很多，这里举出两例。

第一种解法（图117，上）：

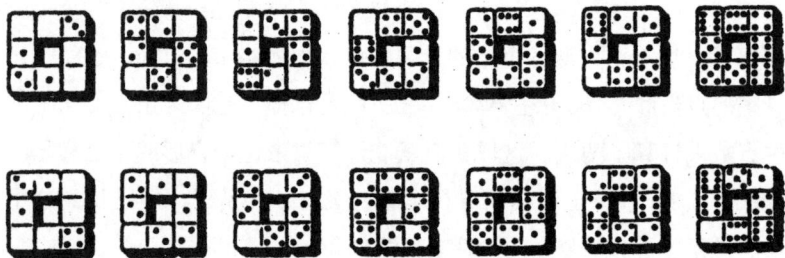

图117

一个正方形各边和为3，

两个正方形各边和为9，

一个正方形各边和为6，

一个正方形各边和为10，

一个正方形各边和为8，

一个正方形各边和为16。

第二种解法（图117，下）：

两个正方形各边和为4，

两个正方形各边和为10，

一个正方形各边和为8，

两个正方形各边和为12。

19.6　多米诺幻方 ///

【题】图118所示的正方形由18块骨牌组成，更奇妙的是，这个方形的横向、纵向和对角线方向上的点数和都一样：13。这样的方形自古以来被称为幻方。

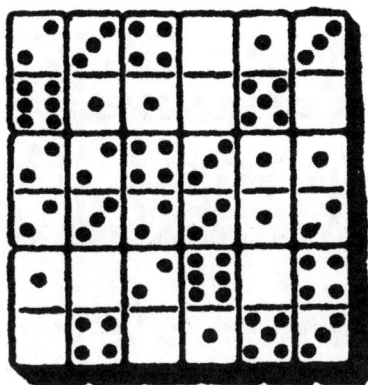

图118

现在让你也用18块骨牌拼出几个幻方来，每个幻方的每一行、列的点数和都不同。13是这一系列由18块骨牌组成的幻方中点数和最小的，最大的点数和为23。

【解】图119所画的幻方，各行、列和对角线的数组和为18。

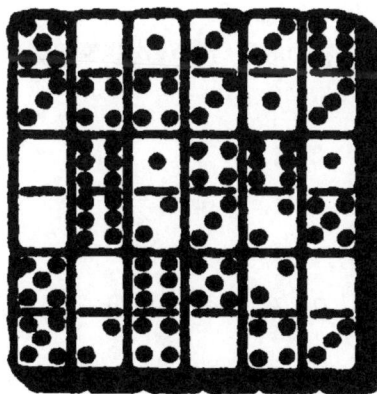

图119

19.7 多米诺构成的等差级数 ///////////////////////////////////////

【题】图120中画了6块按照游戏规则摆好的多米诺骨牌，它们的一个特点是每张骨牌的点数（每张骨牌两个部分的点数相加）都比前一张大一：第一张点数为4，这几张骨牌的点数依次是：4、5、6、7、8、9。

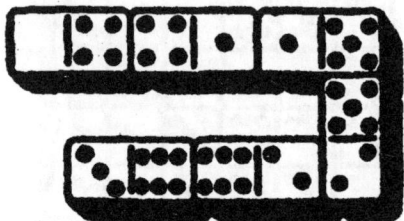

图120

一系列数字，如果从第二项始，以下任一项与前一项的差恒等的级数，就叫"等差级数"。在我们的数列中，每一项都比前一项大一。但是在等差级数中，这个差值可以等于任何数。现在的任务是，用6张骨牌再组成几个别的等差级数。

【解】下面举出一个例子，等差级数为2：

①0—0；0—2；0—4；0—6；4—4（或3—5）；5—5（或4—6）。

②0—1；0—3（或1—2）；0—5（或2—3）；1—6（或3—4）；3—6（或4—5）；5—6。

用6张骨牌可以组成23个等差级数。这些等差级数的第一张牌如下：

①当差为1：

0—0，1—1，2—1，2—2，3—2，

0—1，2—0，3—0，3—1，2—4，

1—0，0—3，0—4，1—4，3—5，

0—2，1—2，1—3，2—3，3—4，

②当差为2：

0—0，0—2，0—1。

20
Chapter

第二十章

趣味数学游戏

20.1 "重排15"

【题】装着15个有编号的滑块的盒子十分流行，关于它有一个很有趣的故事。

这个故事是游戏研究者德国数学家阿伦斯讲述的：

"大约19世纪70年代末，'重排15'在美国兴起，依靠无数的热心玩家，这个游戏迅速泛滥，成为一场社会灾难。"

大洋彼岸的欧洲也出现了同样的灾难，车厢里的乘客手里都拿着装有15个滑块的盒子。办公室主管和商店的经理实在是对自己的下属沉溺于这个游戏忍无可忍了，他们禁止自己的员工在上班和营业时间内玩这个游戏。而娱乐机构的老板们则迅速利用人们的这个癖好，举办了多场大型的游戏竞赛。这个游戏甚至都进入了严肃的德国国会大厦。"正如我现在在国会大厦里看到的，头发花白的人们都专心致志地盯着自己手中的方盒子。"当时的国会议员、地理学家和数学家甘特·格蒙德在回忆那个此游戏瘟疫流行时代的情况时说道。

赏金1000美元的游戏难题——"重排15"

在巴黎，这个游戏把光天化日之下的林荫道当成了自己的避难所，并迅速从首都向各地蔓延开来。"哪怕是在偏僻农村的小屋里也潜伏着这只蜘蛛，它等待着猎物投入它的罗网。"当时的一个法国人这样写道。

1880年，对这个游戏的狂热达到了顶峰。但不久，这"旷世难题"终于被数学战胜了。数学告诉我们，在浩渺的题海中有一半题是可解的，另一半就算天才也解不出来。

现在明白了为什么其他游戏没能激起人们那么持久的激情，为什么竞赛的组织者敢于悬赏巨奖给解出这道题的人。在这一点上这个游戏的发明者比其他人都要高明，他曾建议纽约报纸的出版商在周末加长版中刊印出这个无解的数学题，并悬赏1000美元求解。因为出版商动摇了，而发明者表示时刻准备着自掏腰包提供赏金。发明者的名字是赛缪尔·劳埃德。他因想出了这个绝顶聪明的难题和其他很多难题而声名鹊起。有意思的是他在美国并没有成功获得这个游戏的专利证。按照法律规定，他应该提供"工作模型"以便制作若干样品。当专利局官员问他这个问题是否可解时，发明者应当回答："没有，这在数学上是不可能解决的。""那样的话，"专利局官员反对说，"工作模型也不会有，没有模型专利也就拿不到了。"劳埃德对这个答复感到满意，但是如果他能预见到自己的这个游戏取得的巨大成功，他会更加坚持得到专利了。①

我们这里引用发明者本人在自己的传记中对这件事的一些记载。

"那些文明国家里的年长的人还记得在19世纪70年代初的时候我是如何让全世界人对着一个装着滑块的盒子绞尽脑汁的，后来这个游戏以'重排15'而著名。正如插图122所示，15个滑块被按顺序摆放在盒子里，只有14和15滑块的位置是相反的。问题就是重新把滑块排列到正确的位置上，就是14和15的位置应当纠正。

虽然所有人不辞劳苦的解这道题，但是谁也没得到这笔1000美元的奖金。当时还有一些可笑的故事，诸如售货员忙于解题忘了把商店大门打

① 马克·吐温把这个故事写到了自己的小说《竞选州长》中。

开，邮局的一个官员整晚都站在路灯下面琢磨这个题目。谁都想找到问题的答案，因为谁都有信心迎来胜利。据说因为冥思苦想于这个难题，领航员把轮船领上了浅滩，火车司机把火车开过了站，农民扔下了自己的犁。"

* * *

下面向读者介绍一下这个游戏的基础理论。总的来说，这个游戏的理论非常复杂，跟高等代数的一个分支（行列式论）联系十分紧密。我们这里的介绍仅限于阿伦斯讲述的一些观点。

游戏的目的是利用空位对滑块进行一系列的移动，将任意排序的15个滑块，按照它们数字的大小顺序重新排好：左上角是1，右边是2，然后是3，右上角是4；下一排从左到右依次是5、6、7、8等。图121所示的就是15个滑块的正常的排序。

现在你可以想象一下15个滑块的位置完全是杂乱无章的。通过一系列的移动，总是可以把滑块1移到图中所示的位置的。

不动滑块1，还是完全可以把滑块2送到指定位置的。然后，不碰滑块1和2，也可以把滑块3和4送到正确的位置上去。如果它们偶然不是处在两个相邻的竖列上，很容易就可以把它们调整到两个相邻的竖列上，然后再通过一系列的移动就可以把它们送到指定的位置上去。现在最上边一行的1、2、3和4滑块的位置已经调好了，在下面的操作中我们将不再碰这一行的滑块了。用同样的方法，我们可以把第二行的5、6、7和8滑块调整到相应的位置上去；容易证实，这个目的任何时候都可以实现。接下来，在两个行的空间内，总是可以成功地将滑块9和13调整到正确的位置上去。在下面的调整中将不再动已经处在正常位置上的1、2、3、4、5、6、7、8、9和13滑块。在剩下的6个方格内，一个是空的，另外5个被滑块10、11、12、14和15按随意的顺序占据着。在这6个方格的空间内，总是可以成功地将滑块10、11和12调整到相应的正确位置上去。此时剩下的两个滑块14和15要么排序正确，要么相反（图122）。通过这种很容易使读者相信的方法，我进行进一步的求证。

1	2	3	4
5	6	7	8
9	10	11	12
13	14	15	

图121
滑块的正常位置（情况Ⅰ）

1	2	3	4
5	6	7	8
9	10	11	12
13	15	14	

图122
无解的情况（情况Ⅱ）

任何一种初始的排序都会要么变成图121中情况Ⅰ的排序，要么变成图122中情况Ⅱ的排序。

为了方便，假设某种可以变成情况Ⅰ的排序为S，那么很明显，情况Ⅰ的排序也就可以调整为排序S。将所有调整滑块的步骤反过来再走一遍：例如，只要我们开始反过来走，情况Ⅰ中的12滑块马上就会被调整到盒子中空着的那个方格上。

这样的话，我们就可以得到两个不同系列的排序，其中一个系列的排序都可以调整为正常的情况Ⅰ，另一个系列的排序都可以被调整为情况Ⅱ。相反，从情况Ⅰ可以还原为该系列中任何一种排序，从情况Ⅱ也都可以还原为本系列中任何一种排序。最终，同属于一个系列的两种任意的排序，它们之间可以相互转变。

那么不可以继续往下，把情况Ⅰ的排序和情况Ⅱ的排序合二为一吗？通过严格的证明（这里不详细介绍细节了）可知，不管滑动多少下，这两种排序都不可能变成对方。因此数量众多的滑块排列的可能性可以分成几个系列：①可以调整为情况Ⅰ排序的一系列排序。②可以调整为情况Ⅱ排序的一系列排序，这个系列的排序是无论如何也不能调整成正常排序的，而只有把这个系列的排序调整为正常排序才能获得巨额的奖金。

那么怎么知道某一个排序是属于第一种系列还是第二种系列呢？用例子来说明。

请看图123中所画的排序。第一行和第二行（除了9号滑块之外）的滑块的位置都是正确的。滑块9所占据的位置应当是8的位置。也就是说滑块9被放在了滑块8的前面：这种提前我们就称之为"无序"。关于滑块9我们说：这里存在一个无序。继续往下看，我们发现滑块14也提前了，它的位置比自己正常的位置提前了三个（滑块11、12和13）：这里我们就有了3个无序（滑块14相对于12提前，14相对于11提前，14相对于13提前）。我们可以计算出共有3＋1＝4个无序。接下来，滑块12的位置比11的提前了，同样还有滑块13也比11提前了。这样的话又是两个无序。总计有6个无序。

1	2	3	4
5	6	7	9
8	10	14	12
13	11	15	

图123

提前将右下角的位置空出来，我们用同样的方法可以计算出每个排序中无序的总数。如果无序的总数是偶数，正如上个例子中的一样，那么就可知我们可以将这个排序调整为正确的顺序。如果无序的总数是个奇数的话，那么这个排序就属于第二个系列，也就是说是无解的（零个无序属于偶数）。

通过数学把这个游戏解释清楚之后，先前人们对这种游戏的狂热现在就显得不可思议了。数学给这个游戏建立了详尽的理论体系，没有留下任何疑点。这个游戏的结果并不是偶然性的，不取决于你是否机智，而是就像别的游戏一样，完全取决于数学因素，数学已经完全准确的预见到了游戏的结果。

现在让我们来看一下这个领域里的一些难题。

下面就是发明者劳埃德本人想出的几个已经有答案的题目。

【第一题】 将图122中所示的排序调整为正确的顺序，但是要使盒子左上角的格子成为空闲的（图124）。

	1	2	3
4	5	6	7
8	9	10	11
12	13	14	15

图124

【解】 题目所要求的滑块的排列方式可以由开始的排列形式经过44步移动得到：

14，11，12，8，7，6，10，12，8，7，

4，3，6，4，7，14，11，15，13，9，

12，8，4，10，8，4，14，11，15，13，

9，12，4，8，5，4，8，9，13，14，

10，6，2，1。

【第二题】 一个盒子中滑块的排序如图125所示，现在将盒子右转90度，然后开始调整滑块直到滑块的排序变成图122中的排序为止。

1	2	3	4
5	6	7	8
9	10	11	12
13	14	15	

图125

【解】 经过39次移动可得到要求的排序：

14，15，10，6，7，11，15，10，13，9，

5，1，2，3，4，8，12，15，10，13，

9，5，1，2，3，4，8，12，15，14，

13，9，5，1，2，3，4，8，12。

【第三题】按照游戏规则的规定移动滑块，将盒子变成一个幻方，使各个方向上的数字和为30。

【解】经过下列一系列的移动可以得到一个30阶的幻方：

12，8，4，3，2，6，10，9，13，15，

14，12，8，4，7，10，9，14，12，8，

4，7，10，9，6，4，2，3，10，9，6，

5，1，2，3，6，5，3，2，1，13，

14，3，2，1，13，14，3，12，15，3。

20.2 "11"的游戏

【题】两个人玩这个游戏。在桌子上放11根火柴（瓜子什么的也可以）。第一个游戏者按照自己的意愿，可以拿一根、两根或三根火柴。然后第二个游戏者也可以按照自己的想法拿走一根、两根或三根火柴。然后再让第一个游戏者取火柴，两人这样轮流拿。一次不准拿走超过三根火柴。谁拿走最后一根火柴，谁就算输。

你怎么玩这个游戏才能稳操胜券？

【解】如果是你先走，你应该拿两根火柴，留9根。不管对方再拿多少根，你下一次必须要在桌子上留5根火柴，想一想就知道，你怎么着都能成功地留下5根火柴。不管对方再拿走多少根火柴，你再给他留一根火柴就行了。

你就赢了。

如果不是你走第一步，那么你要想取胜就要看你的对手是否知道这个制胜秘密了。

20.3 "15"的游戏 //

【题】 这个游戏不像"重排15"那样，就是在一个小盒子移动一些编了号的滑块。这个游戏是另一种，更像比较有名的玩1和0的游戏。

这个游戏是两个人轮流玩的。第一个人先在下面的格子阵中的一个格子里写下1~9中任意一个数字。

第二个人也挑一个格子写下一个不同的数字，但要使对方在下一次填下数字后，不会出现某行、列或对角线上的三个数字和为15的情况。

如果谁使某行、列或对角线上的三个数字和为15或者填上了最后一个格子，就算谁赢了这个游戏。

请你思考：对这个游戏来说存在一个一试必赢的方法吗？

【解】 如果想赢的话，应该从数字5开始。那么把它填到哪个格子里呢？这里我们分析一下所有3种可能性。

①在中间的格子里填上5。不管对方在哪个格子写下了数字，你都可以继续在这一行（列或对角线）上剩余的那个格子里填上数字。

$15-5-x$（这个 x 是对方写下的数字）。$15-5-x$ 即 $10-x$，显然要小于9。

②把5填到角上的某个格子里。你对手选择格子 x 或 y。如果他在 x 中填上数字，你就应当在格子 y 中填上一个数字，使 $y=10-x$；如果他在格子 y 中写了数字，你就在格子 x 中写下数字，使 $x=10-y$。这两种情况下你都一定会赢的。

③把5填到最边上一列中间的一个格子里。你的对手可以选择填写 x，y，z 或者 t 中的任何一个格子。

如果对手在格子 x 中写下数字，你就在 y 里填上数字，使 $y=10-z$；对于格子 y 中的数字，你的对策是 $x=10-y$；对于格子 z 中的数字，你的对策是 $t=10-z$；对于格子 t 中的数字，你的对策就是 $z=15-t$。所有情况下你都一定会赢的。

20.4 "32"的游戏

【题】这是个双人游戏。在桌子上放32根火柴。第一个参与游戏的人可以拿走1根、2根、3根或4根火柴。然后第二个人拿走1根、2根、3根或4根火柴，拿多少根随意，但是不能超过4根。然后再让第一个人取走不超过4根的火柴。依次轮流。谁拿走了最后一根火柴就算谁赢。

这个游戏十分简单，但它有意思的地方是谁先玩这个游戏，只要他计算好先拿几根火柴，他一定会赢。

你能告诉第一次参与游戏的人如何赢得游戏吗？

【解】如果你试着玩一局这个游戏，你就会很容易地发现不败的小秘密。显而易见，如果你在走完你最后一步的前一步后，能给你的对手留下5根火柴，你就赢定了：因为你的对手不可能一下子拿走超过4根火柴，而相应的，你就可以拿走所有剩下的火柴。那么你应该怎么做才能使你在最后一步的之前的一步给对手留下5根火柴呢？为此，你必须在这前一步后给你的对手留下10根火柴：那样的话，不管你的对手接下来拿走几根火柴，他至少都会给你留下6根，而你永远可以再给他留下5根。那么，又应该怎么做使你的对手一定会从10根火柴中挑选呢？为了这个目的，你应当在上一步之前留在桌上15根火柴。

因此，按照每5根火柴计算的话，我们可以得出，之前你应当在桌子上留下20根火柴，而在此之前，你应当在桌子上留下25根火柴，而第一次你应当在桌子上留下30根火柴，也就是说，一开始游戏，你首先要拿走两根火柴。

总之，不败的秘密就是一开始拿走两根火柴，然后，不管你的对手拿走几根火柴，你下一步拿走火柴之后，都要使桌子上剩下25根火柴。下一个回合，你应当使桌子上剩下20根火柴，接下来就是15根、10根，最后要剩下5根。最后一根火柴永远都是你的。

20.5 "32"的游戏之二 ////////////////////////////

【题】可以对"32的游戏"稍作改变：谁拿走最后一根火柴不是赢而是输。

现在该怎么玩才能一定赢呢？

【解】如果游戏的条件反过来，也就是说，拿走最后一根火柴算输的话，那么你在走完倒数第二步的时候应当在桌子上留下6根火柴。这样的话，不管你的对手拿走几根火柴，剩下的火柴数目都不会少于两根，也不会多于5根的，也就是，你不管怎么样都可以给你的对手剩下1根火柴的。为此，你需要在上一回合结束后在桌子上留下11根火柴，而在之前，应该留下16、21、26和31根火柴。

因此，你开始的时候只应当拿走一根火柴，接下来，你要给你的对手剩下26、21、16、11和6根火柴。最后一根火柴就非你的对手莫属了。

20.6 "27"的游戏 //

【题】这个游戏同上面的游戏很像。也是两人参与轮流拿走不超过4根火柴的游戏。但是取胜的原则是不一样的，谁最后的火柴数目是偶数谁就赢了。

那么还是先玩的人有优势，它可以精确打算好每一步，让自己稳操胜券。

这个游戏中不败的秘密是什么呢？

【解】要找到这道题的制胜法宝要比"32的游戏"难得多。

需要从下面两点展开思考：

①如果你在游戏最后的倒数第二步时所拥有的火柴数目是奇数的话，你就应当留给你的对手5根火柴，才能确保你的胜利。下一步你的对手只能给你留下4根、3根、两根或者1根火柴；如果给你留下4根，你接着拿走3根，你就赢了；如果给你留下3根，你拿走这3根你也会赢；如果是两根，就拿走1根，你还是会赢。

②如果在游戏结束之前，你拥有的火柴数目是偶数，那么你应当给你的对手留下6根或者7根火柴。我们可以推测游戏会怎么接着进行，如果你的对手在下一步后给你留下6根火柴，你拿走1根，你的火柴数目就变成奇数了，但是你可以很平静的给你的对手留下5根火柴，因为他输定了。

如果他给你留下5根火柴，你拿走4根火柴，你就赢了。如果给你留下4根火柴，你都拿走，也是一定能赢。如果给你留下3根，你拿走两根也会胜利。最后一种可能，如果他给你留下两根，你都拿走就赢了。他不可能给你留下少于两根火柴。

现在已经不难找到玩这个游戏的制胜法宝了。这个秘诀就是，如果你现有的火柴数目是奇数的话，你每走一步之后，你留给你的对手的火柴数目应当比6的倍数少1，即应当是5、11、17、23；如果你现有的火柴数目是偶数，你留给你对手的火柴数目应当是6的倍数或者比6的倍数大1，即是6或者7，12或者13，18或者19，24或者25。0可以认为是偶数，因此在游戏开始时，你应当从27个火柴中拿走2个或者3个，接下来的走法就按照上面的说明走就是了。

只要你的对手猜不透你这个秘密，这样玩下去，你就赢定了。

20.7 "27"的游戏之二 ////////////////////////////

【题】在玩"27的游戏"时可以改变一个条件：不是谁最后的火柴数是偶数谁赢，而是谁最后的火柴数是奇数算谁赢。

这样的话战无不胜的关键又是什么呢？

【解】如果游戏的条件相反，拥有奇数火柴数目为胜者的话，你就应当这么玩这个游戏：当你现有的火柴数目是偶数时，你每一步之后留给你对手的火柴数目应比6或6的倍数少1；如果你现有的火柴数目是偶数，你每一步之后留给你对手的火柴数目应当是6及其倍数或者比6及其倍数大1。你这么玩的话，胜利就非你莫属了。游戏开始时，你有0根火柴（也就是偶数根火柴），所以你第一步应当拿走4根火柴，留给对手23根。

20.8 算术旅行 ////////////////////////////

【题】这个游戏可以多人参与。为了这个游戏你需要准备：

①游戏板（可由厚纸板做成）；

②色子（木头做成）；

③每位游戏者有一个标志物。

把厚纸板裁成正方形，纸板的尺寸要大。在正方形上划分10×10个小方格。如图126所示，在这小方格中依次写下数字1到100。

从一个1厘米厚的木板上锯下一个小立方体做色子。用毛皮将各个棱面打磨光滑，并分别用数字1~6标记各个棱面（最好像多米诺骨牌一样用点数标记）。

不同颜色的圆环、小方块什么的都可以用来做标志物。

游戏这样进行：玩家拿走筹码后，依次掷色子。谁掷出了6点，就把自己的标志物放在游戏板上的第6格里面。下一次他掷出了多少点，他的筹码就向前移动多少个小方格。如果筹码走进了一个有箭头起点的格子里，标志物就要顺着走到箭头终端的格子里——有时候会前进，有时候会是后退。

谁先走到了第100格中，谁就是胜者。

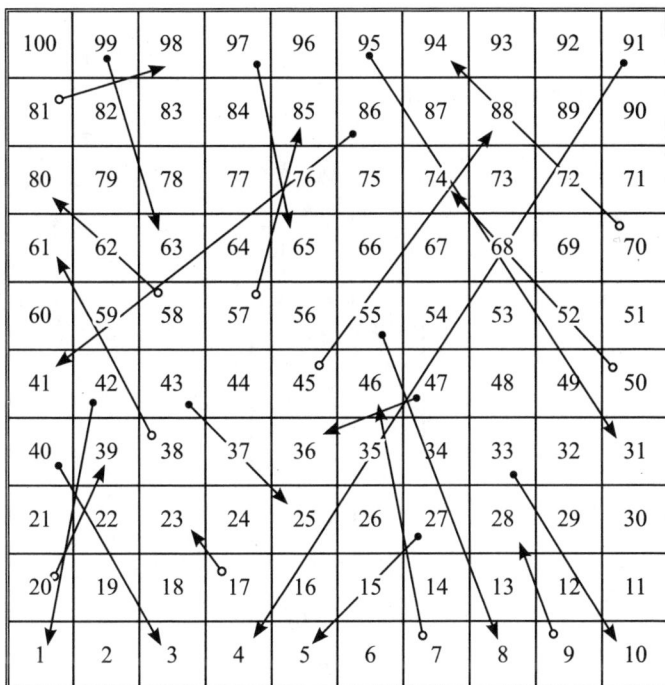

图126

20.9 请想一个数

【题】请想一个数，然后按下文仔细运算，我会猜出你的计算结果。

如果你算的结果跟我说的不一样，那就检验一下自己的运算过程吧，证明一下错的是你而不是我。

题❶

请想一个数

数小于10

（0除外）

用你所想的数乘以3，

再加2，

再乘以3，

再加上你所想的数，

将结果中的第一个数字删掉，

再加2，

再除以4，

再加19。

你现在的
结果是
21

题❷

请想一个数

数小于10

（0除外）

用你所想的数乘以5，

再乘以2，

加14，

再减去8，

将结果中的第一个数字删掉，

再除以3，

再加10。

```
┌─────────────┐
│  你现在的    │
│  结果是      │
│    12       │
└─────────────┘
```

题❸

请想一个数

数小于10

（0除外）

在你所想的数上加29，

将结果的最后一位数字去掉，

再乘以10，

再加4，

再乘以3，

再减去2。

```
┌─────────────┐
│  你现在的    │
│  结果是      │
│    100      │
└─────────────┘
```

题❹

请想一个数

数小于10

（0除外）

用所想数乘以5，

再乘以2，

再减去所想数，

将结果的各个数字相加，

再加2，

再求平方,

再减10,

再除以3。

┌─────────────┐
│ 你现在的   │
│ 结果是   │
│   37   │
└─────────────┘

题❺

请想一个数

数小于10

（0除外）

用你所想数字乘以25,

再加3,

再乘以4,

将结果的第一个数字删掉,

求剩下的数的平方,

将结果的各个数字相加,

再加7。

┌─────────────┐
│ 你现在的   │
│ 结果是   │
│   16   │
└─────────────┘

题❻

请想一个数

数为两位数

在这个两位数上加上7,

再从110上减去这个和,

再加上15，

再加上你所想的数，

再除以2，

再减去9，

再乘以3。

```
┌─────────────┐
│   你现在的    │
│   结果是     │
│    150      │
└─────────────┘
```

题❼

请想一个数

数小于100

加上12，

用130减去这个和，

再加上5，

再加上所想的数，

再减去120，

再乘以7，

再减去1，

再除以2，

再加30。

```
┌─────────────┐
│   你现在的    │
│   结果是     │
│    40       │
└─────────────┘
```

题 ❽

请随意想一个数

（0除外）

乘以2，

再加上1，

再乘以5，

除了末位数外，删掉所有数字，

用剩下的末位数乘以它本身，

将积的各个数位上的数字相加。

你现在的

结果是

7

题 ❾

请想一个数

数小于100

先加上20，

从170中减去这个和，

再从差中减去6，

再加上所想的数，

将和的各个数位上的数字相加，

求得到的和的平方，

从结果中减1，

再除以2，

再加8。

你现在的

结果是

48

题⑩

请想一个数

数是一个三位数

将所想的数自左向右连续写两遍，形成一个六位数，

再除以7，

再将商除以所想的数，

再除以11，

再乘以2，

将得到的积各个数位上的数字相加。

| 你现在的 |
| 结果是 |
| 8 |

【解】 题❶假设所想的数字是a，那么最初的运算过程可以如下表示：

$$（3a+2）×3+a=10a+6。$$

我们会得到一个两位数的结果（$10a+6$），十数字就是想定的数字，而个位数就是6。

然后再将所想的十位上的数字删掉，即可得a。

剩下的就很明了了。

题❷、题❸、题❺和题❽都是这道题的变化形式而已。

在题❹、题❻、题❼和题❾题目中是使用了其他的方法去掉了所想定的数字。

例如，在题❾中，初步的运算过程如下所示：

$$170-（a+20）-6+a=144。$$

剩下的就不言而喻了。

解开题⑩用的方法比较独特。在一个三位数的右边把这个三位数再重复写一遍，其实就是将这个数字乘以1001（例如，356×1001=

356356）。但是1001＝7×11×13。因此，假设想定的三位数为a，那么初步的运算过程如下所示：

$$\frac{a \times 10001}{7 \times a \times 11} = 13。$$

接下来的就很容易理解了。

因此，所有的解法的关键都是要在运算的过程中把所想定的数字去掉。知道了这一点后，你可以自己试着构想一些这样的题目了。

20.10 让我们一起来猜谜

【题】我同读者们一起来玩一个猜谜游戏：你们先在心里想一个数字，我来猜。尽管你们人数可能会有成千上万那么多，距离我有千山万水那么远，但是这都不是问题，我还是能猜出来你们心里想的数是多少。

开始吧。

你先随便想好一个数字。请不要混淆了"数字"和"数"：数字只有10个——从0到9；数有无数多个。现在，你在心里选好任意一个数字。想好了吗？把它乘以5，注意别算错了，否则我们什么都得不到了。

乘以5了吗？好的，再把你得到的积乘以2。乘了吗？再加上7。现在把你得到的数的第一个数字去掉，也就仅剩下最后一位数字了。

准备好了吗？再给这个剩下的数字加上4，减去3，再加上9。

你按我的要求做了吗？嗯，现在我告诉你，你现在心里计算得到的数是多少。

你得到的数是17。

难道不是吗？想再来一次吗？来吧！

想好一个数字了吗？将它乘以3。将得到的积再乘以3。现在再把你想的数字加在结果上。

做完了吗？再加5。再把你得到的数的各个数位上的数字都删掉，仅仅保留最后一位数字。删掉了吗？再加7。再减去3。再加上6。

现在我来说说你得到的结果是多少。

你得到的数是15。

猜对了吗？如果没猜对的话，肯定是你的哪一步运算出了错了。

还想再玩一次吗？请吧。

想好数字了吗？乘以2。再将结果乘以2。再加上你想的数字。再加上你所想的数字。再加8。删掉结果的所有数字，仅保留个位数字。再减3，再加7。

你现在得到的结果是12。

我可以猜无数次的，并且每次都会准确无误。我是怎么做到的呢？

你应该想想，我这些话都是在书出版几个月前就写下了，也就是说，比你们想好了数字要早很长时间的。这就证明，我猜到的答案跟你想的数字是无关的。可是这个秘密究竟是什么呢？

【解】要想知道这个谜怎么猜，你首先要了解我对想定的数字做了哪些运算。

在第一个例子中，我们首先将这个数字乘以5；然后将得到的积乘以2。可知，我们将这个数字×2×5，也就是乘以10，所有的数字乘以10的得到的积都是以0结尾的。知道这个以后，我请求你加上7，现在我就知道了你心里面得到的是一个两位数。第一个数字我不知道，第二个数字我知道就是7。

然后我再请求你把我不知道的第一个数字去掉。那么现在你心里剩下的数字是多少呢？当然是7了。我现在已经可以说出这个数字，但是我是很狡猾的，为了掩盖痕迹，我又让你在7这个数字上加上和减去不同的数字，其实都无关紧要的。最后我才告诉你结果是17。不管你开始想的数字是多少，你最后得到的一定是这个结果。

第二次我是用另一种方法猜谜的。否则的话，你可能早早就发现了秘密而嘲笑我了。我首先让你把想定的数字翻三倍，然后再翻三倍并加上这个数字。我们最终得到的结果是多少呢？很容易得出来，就是将想定的数字乘以$3 \times 3 + 1$，也就是10。这样我就会知道你得到的结果的末尾是0。接下来的还是老一套了：加上一个什么数字，去掉未知的十位数，然后对我已知的结果做几步运算以作掩饰。

第三题。实际上还是换汤不换药的。我让你把想定的数字翻一番，再把得到的结果再翻一番，然后再翻一番，然后两次加上你所想定的数字。这些之后的结果是多少呢？就是将你想定的数字乘以 $2 \times 2 \times 2 + 1 + 1$，就是10。剩下的过程你都了解了。即使你想定的数字是1或者0，这个魔术都不会出错的。

现在你给你没读过这些文字的同学们要这些把戏已经不比我差了。可能的话，你可以想出自己的猜谜方法。实际上并不难。

20.11　猜一个三位数 //

【题】请你先想好一组三位数。不要把这个数告诉我，将百位数乘以2，其他位置上的数字暂时不管。在所得积上加上5。再将得到的和乘以5，再加上你想的三位数的十位数，再将得到的和乘以10，再把个位数加到所得到的积上。现在你告诉我你得到的结果是多少。我可以马上猜出来你开始想的三位数是多少。

举一个例子。假设你想的三位数是387。

你对它做下列一系列运算。

将百位数乘以2，$3 \times 2 = 6$。

再加5，$6 + 5 = 11$，

再乘以5，$11 \times 5 = 55$，

加十位数，$55 + 8 = 63$，

再乘以10，$63 \times 10 = 630$。

再加上个位数：$630 + 7 = 637$

你告诉我637，我就能猜出你想的三位数是多少。

我是怎么猜到的呢？

【解】重新看一遍，每个数字都经过了哪些运算。百位数先开始乘以2，然后乘以5，然后再乘以10，也就是总计乘以 $2 \times 5 \times 10 = 100$。十位

数乘以10。个位数没有变化。除此之外，这个三位数还加上了$5 \times 5 \times 10 =$
250。

可知，如果从结果身上减去250，那么剩下的结果：乘以100的百位数
加上乘以10的十位数，再加上个位数，简单地说就是你想定的三位数。

现在你就明白我是如何猜出你想定的数字的：只要将所有运算得到的
结果减去250，得到的就是你所想定的那个三位数。

20.12　数字魔术

【题】你想一个数。加1，乘以3，再加1，再加上你所想的数，告诉
我你得到的结果是多少。

我将结果减去4，然后再除以4，得到的结果就是你所想的数。

例如，你想的数是12。

加1——得13。

乘以3——得39。

加1——得40。

加上你所想的数：40＋12＝52。

当你告诉我你的结果是52后，我先减4得到48，然后除以4，得到12，
而这个数就是你想的。

为什么总能成功呢？

【解】如果你仔细的观察运算过程，你很容易就会发现，猜谜的人最
后得到的结果就是所想的数字的4倍再加上4。可知，如果再从这个结果中
减去4，再除以4，得到的结果就是所想的数字。

20.13　怎么猜出被删除的数字？

【题】请你的同学先随意想出一个多位数，然后再做下列的运算：

写下想好的数，

打乱各个数位上的数字，将它们随意排列得到一个新的多位数，

用这两个多位数中较大的减去较小的多位数，

随意删除结果中的一个数字（但不能是0），

将剩下的所有数字按照随意的次序告诉你。

然后你回答你的朋友，告诉他那个被删除的数字是多少。

例如，同学想好的数字是3857。

他做出下列运算：

$$3857,$$

$$8735,$$

$$8735-3857=4878。$$

他把数字7删掉，告诉你剩下的三个数字，例如是按照下面的次序：

$$8、4、8$$

根据这些数字你就可以判断出被删除的数字是多少。

你应该怎么来猜呢？

【解】 如果你知道能被9整除的数字的特征，你就会明白，任何一个数除以9得到的余数等于这个数各个数位上数字相加的和同9相除得到的余数。如果两个数的构成数字是相同的，只是数字顺序不同，那么这两个数同9相除得到的余数是相等的。可知，如果这两个数相减得到的差一定能被9整除（余数都为0）。

根据上面这些话，你就可以知道你的同学在把两个数相减之后得到的差，这个差各个数位上的数字的和一定是9的倍数。因为告诉你的数字是8、4、8，和是20，那么被删除的数字很明显就是7了，7和这些数字相加的和才能被9整除。

20.14　怎么猜出生日期？

【题】 让你的同学在一张纸上写下自己出生在哪一月和哪一日，并做下列的运算：

取所写下日子的双倍，

将结果乘以10，

再加上73,

再将结果乘以5,然后再加上生日的月份数。

做完这些运算后,他告诉你结果,你再说出他出生的日期是多少。

例子。你的同学出生在8月17日。他做下列的运算:

$$17 \times 2 = 34,$$

$$34 \times 10 = 340,$$

$$340 + 73 = 413,$$

$$413 \times 5 = 2065,$$

$$2065 + 8 = 2073。$$

你的朋友告诉你2073,你再说出他生日的日期。

你怎么能做到呢?

【解】要想知道未知日期,需要从最终结果上减去365,得到差的最后两位数就是月份,而前面的数字就是日子。在本例子中:

$$2073 - 365 = 1708。$$

根据17－08,我们可以得到日期为8月17日。为什么会这样呢,如果我们假设月份为K,日子为N,并对它们按要求进行运算。

得到$(2K \times 10 + 73) \times 5 + N = 100K + N + 365$。很明显,如果减去365,我们会得到一个数,包含$K$的100倍和$N$。

20.15　怎么猜对方的年龄?

【题】如果你请求同你谈话的人按照下列的步骤做,你就可以知道对方的年龄了:

依次写下两个数字,其中两个数字之间的差要大于1;

然后再在它们中间随意加一个数字;

将得到的这个三位数反过来写,得到另一个三位数;

用这两个三位数中较大的一个减去较小的;

将所得的差中的数字顺序随意打乱后,再排列;

用得到的新数字同前面的差相加；

再加上自己的年龄。

最后对方把运算的最终结果告诉你，而你这时就可以说出他的年龄了。

例子，同你谈话的人23岁。他按照下列的步骤运算：

$$25,$$

$$275,$$

$$572,$$

$$572-275=297,$$

$$297+792=1089,$$

$$1089+23=1112。$$

交谈者告诉你1112，你再根据这个数，求出对方的年龄。

你能做到吗？

【解】反复进行几次运算，你就会发现同年龄相加的总是同一个数1089。因此，你只需要将对方告诉你的结果减去1089就能得到所求的年龄。

在做这个魔术的时候可以对最后几步运算做一些变化（为了不暴露秘密），例如，将1089除以9，再将年龄和得到的商相加。

20.16 怎么猜家庭成员？

【题】如果让你的朋友按下列的步骤做，你就可以猜出你朋友有多少个兄弟姐妹：

把他的兄弟数加3；

将和乘以5；

再加20；

再乘以2；

再加上他姐妹的数目；

再加5。

你的朋友最后把运算结果告诉你，你就知道他有多少个兄弟姐妹了。

例如，你的朋友有4个兄弟，7个姐妹。

他按下列的步骤运算：

$$4+3=7,$$
$$7 \times 5=35,$$
$$35+20=55,$$
$$55 \times 2=110,$$
$$110+7=117,$$
$$117+5=122。$$

你的朋友把结果122告诉你，你计算出他有多少个兄弟姐妹。你怎么计算呢？

【解】为了确定他家庭成员的数目，需要将计算结果减去75。在本例子中：

$$122-75=47。$$

十位数就是兄弟的数目，个位数就是姐妹的数目。

假设兄弟的数目为a，而姐妹的数目为b，那么运算过程可以如下表示出来：

$$[（a+3）\times（5+20）] \times 2+b+5=10a+b+75。$$

所以差的结果一定就是数字a和b组成的两位数。

只有确定姐妹的数目没有超过9的时候，才能表演这个魔术。

20.17 电话本的魔术

【题】这个很有冲击力的魔术是这样完成的。

让你的朋友随意写下一个三位数，要求每个数字都不同于其他数字。比如他写的是648。让他再把这个三位数反过来写得到一个新的三位数，然后用两个数中较大的减去较小的[①]。

他应当这样写：

---

① 如果两个数相减的差为一个两位数（99），那就将百位数0写出来（099）。

$$846-648=198。$$

将所得到的差也反过来写，再将两个数相加。你的朋友会这么写：

$$198+891=1089。$$

他所进行的这些运算，你都是不知道的，因此他认为你肯定也不会知道运算的结果是多少。

这个时候你给你的朋友一本电话本，让他找到结果前三个数字表示的那一页。你的朋友翻开108页，等待着下一步安排。你再请求他从这页从上往下（或从下往上）按照结果（就是1089）最后一位数字说出相应个用户姓名来。当他数到第9个用户时，你说出用户的姓名和电话号码！

你居然能知道这个，肯定会让你的朋友大吃一惊的。要知道他只是随意在心里想了一个数字而已。而你居然能正确地说出用户的姓氏和他的电话号码。

这个魔术的秘密在哪里呢？

【解】 这个魔术的秘密很简单，因为你能提前知道你同学运算的结果是多少：不管对哪个三位数，按照要求进行运算得到的结果永远是一样的：1089。这一点很容易得到证明。你只需要提前把电话本第108页上第9行（从上或者从下）用户的名字记住就行了，很简单吧？

20.18　神秘的色子

【题】 用纸片做几个色子（例如4个），在每一个面上标上数字，按照图127的指示，把它们摆放起来。用这些色子，你可以给你的好朋友展示一个有趣的算术魔术。

你先回避，让你的朋友随意把4个色子摆成一个小柱子。然后你再走进房间，只看一眼这个柱体，马上就说出所有你看不见的面上的数字的和。例如，图中这个例子，你说出的和应该是23。很容易证明，这个答案是正确的。

【解】 谜底在于数字在色子上的分布规律：相对两个面上的数字和相

等，都等于7（可以看图127进行印证）。因此构成柱子的4对色子底面和顶面的数字和为7×4＝28。只要用28减去最上那个色子顶面上的数字，你就可以准确无误的得到被遮住的7个面上的数字和。

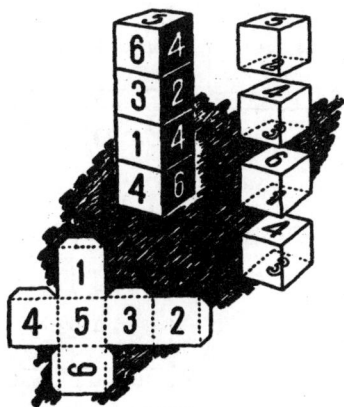

图127

20.19　卡片的魔术

【解】如图128所示，准备7张卡片。在卡片上写上数字，并按照图例准确地把一些数字剪掉。有一张卡片不要写东西，但是也要做一些剪切。

在把数字抄录到卡片上的时候要十分的认真，千万不要出错。

当你把这写完之后，你把写有数字的6张卡片交给你的朋友，然后请他在心中从这些数中选定一个。然后让他把包含他所选定的数字的卡片都还给你。

你得到这张卡片后，就把这些卡片仔细地摞在一起，然后把没有数的那张卡片放在最上边，再把小格子中显露出来的数字在心里加一下。最后得到的和就是你朋友心里选定的那个数字。

你自己未必能识破这个魔术的机关。这个魔术的关键是卡片上的独特的数字组合。这个组合十分的难懂，这里我就不详细地解释了。在我给更精通数学的人写的另外一本书中，你可以找到我对这个魔术做的类似的解释和从这个魔术衍生出来的其他有意思的魔术。

```
39 63 54 38 45 61 49 33
53 □ 57 46 43 41 □ 62
34 40 □ 55 42 51 59 35
60 32 44 59 □ 58 □ 58
36 48 50 56 52 47 42 37
```

```
45 63 27 10 58 9  61 42
29 8  11 57 30 59 □  62
13 24 □  60 40 47 14 56
46 □  12 44 □  25 □  27
43 15 41 31 26 62 12 26
```

```
33 49 27 17 21 55 61 39
3  □  31 51 63 43 □  13
15 7  1  19 15 23 59 41
57 □  29 9  □  35 □  51
53 5  47 25 45 33 11 37
```

```
54 23 18 58 63 31 20 51
29 □  61 50 20 27 □  62
56 28 □  17 59 48 21 60
31 □  19 55 □  30 16 53
63 49 24 57 22 52 27 25
```

```
5  47 28 53 61 13 20 52
37 □  44 30 46 55 4  7
22 63 □  12 62 14 60 31
23 □  29 54 □  15 □  6
46 36 39 21 45 28 63 38
```

```
11 38 62 51 43 26 55 15
10 □  63 35 31 19 □  46
14 3  □  59 27 7  58 18
26 □  6  47 2  39 □  22
54 23 50 30 35 42 11 34
```

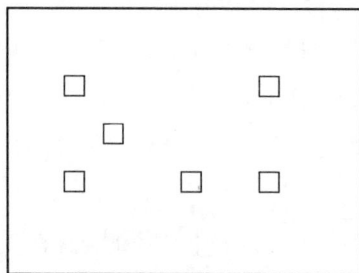

图128

20.20　怎么猜没有写出来的数?

【题】你要猜三个数相加的和，三个数只有一个被写了出来。这个魔术是这样表演的。你先让你的朋友随机写下一个多位数：这就是第一个被加数。

比方他写的是84706，这个时候把第二个和第三个被加数的地方先空出来，你先提前就写出三个数的和：

第一个被加数……………………………………84706

第二个被加数……………………………………

第三个被加数……………………………………

　　　　和……………………………………184705

在这个之后你的朋友写下第二个被加数（这个数的数位应该同第一个被加数位数相同），然后你自己再写下第三个被加数：

第一个被加数……………………………………84706

第二个被加数……………………………………30485

第三个被加数……………………………………69514

　　　　和……………………………………184705

很容易证明，你预先写出来的和是正确的。

谜底到底是什么呢?

【解】如果给一个五位数加上99999，也就是100000－1，在五位数的前面加上1，把最后一位数减去1。这个就是这个基础的基础。在心里把99999和第一个被加数相加。

$$84706$$
$$+\ 99999,$$

你写下未来3个数相加的和：184705。你现在关心的就是让第二个和第三个被加数的和为99999。

你需要在写第三个被加数的时候，让每一个数字都比第二个被加数相应的数字相加的和为9。在本例子中，第二个被加数为30485；所以你写69514。因为：

$$30\ 485$$
$$+\ 69\ 514$$
$$99\ 999,$$

这样的话，你事先写的结果肯定就是对的了。

20.21 预测和 //

【题】数字迷信在19世纪初的俄罗斯十分流行。当然，这都是没有任何依据的。这种迷信的风潮，我们能从屠格涅夫的一部小说中了解一些。下面就展示一下对数字迷信的癖好会导致什么后果。《咚！咚！咚！》——伊利亚·杰格列夫：根据数字上的巧合，他认为自己就是没被认出来的拿破仑。在他自杀之后，人们在他的口袋里发现了一张纸条，上面写满了下列的运算：

拿破仑的生日		伊利亚·杰格列夫的生日	
1769年8月15日		1811年1月7日	
	1769		1811
	15		7
	8（8月）		1（1月）
总计	1792	总计	1819

	1		1
	7		8
	9		1
	2		1
总计	19!	总计	19!

拿破仑死于		伊利亚·杰格列夫死于	
1825年5月5日		1834年7月21日	
	1825		1834
	5		21
	5（5月）		7（7月）
总计	1835	总计	1862

	1		1
	8		8
	3		6
	5		2
总计	17!	总计	17!

类似的数字占卜在"一战"初期十分流行。当时人们希望通过这种方式预测战争结局。1916年瑞士一家报纸在其"神秘"版面刊登了下面一篇文章，预示了德国皇帝和奥匈帝国皇帝的命运：

	威廉二世	弗兰茨·约瑟夫
出生年	1859	1830
登基年份	1888	1848
年龄	57	86
在位时间	28	68
	总计 3832	总计 3832

最后的和，正如你看到的，是一样的。而且这个和正好是1916的两倍。由此断定，命中注定在这一年两位皇帝要死亡……

这里我们不是来讨论这些数字上的巧合的，而是来说说人们是有多愚蠢的。人们只是迷信于占卜，而就没有想到只要把运算的各行位置调换一下就能让什么神秘感荡然无存的。

各行的分布如下：

出生年，

年龄，

登基年份，

在位时间。

现在思考：如果把一个人的年龄同他的出生年相加会得到哪一年？当然，就是现在的年份，这个计算发生的年份。同样如果把在位时间和登基年份相加的话，得到的年份还是当下的年份。这样就很容易理解了，为什么与两个皇帝有关的4个数字相加的和是一样的，都是1916的两倍。不可能会是别的结果。

我们也可以利用上面的解释来做一些有意思的数字魔术。找一个你还不知道这个秘密的朋友，让他在纸上写上下列4个数，并将它们相加，当然你不要看他写的什么：

出生年，

入厂年份（入学年份等），

年龄，

工龄（学龄等）。

虽然你不知道这其中任何一个数，可是你猜出结果来不费吹灰之力：就是你表演这个魔术的年份的两倍。

如果让你把这个魔术再表演一遍的时候，秘密就很容易败露了。这时候为了你为了迷惑别人，除了这4个数之外，再加几个别的你已经知道的数。如果你表演得好，每次的和都不会一样，这样别人就很难猜到其中的秘密了。

低科技丛书

998个科学经典项目
适合亲子共同完成
提高孩子动手能力
激发孩子的创造力

让孩子自己动手去创造一个新世界

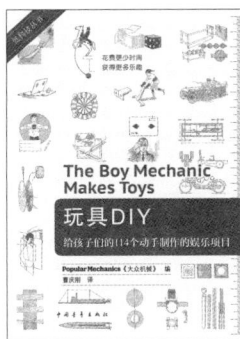

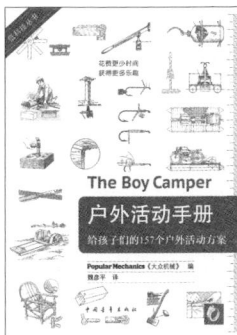

The Boy Mechanic
少年工程师
给孩子们的189个经典制作方案
Popular Mechanics《大众机械》编
孙庆海 译

The Boy Mechanic Makes Toys
玩具DIY
给孩子们的114个动手制作的娱乐项目
Popular Mechanics《大众机械》编
曹庆顺 译

The Boy Mechanic saves the world
环保小专家
给孩子们的236个动手保护环境的小点子
Popular Mechanics《大众机械》编
孙庆海 译

The Boy Camper
户外活动手册
给孩子们的157个户外活动方案
Popular Mechanics《大众机械》编
魏彦平 译

The Boy Magician
少年魔术师
给孩子们的147个神奇戏法的表演方案
Popular Mechanics《大众机械》编
魏彦平 译

The Boy Scientist
少年科学家
给孩子们的155个科学实验和制作方案
Popular Mechanics《大众机械》编
孙庆海 译

中国青年出版社